全国测绘地理信息类职业教育规划教材

导航定位与精准农业

主编　周　荣
主审　李骏元

黄河水利出版社
·郑州·

内容提要

本书共七章，主要介绍卫星导航定位技术、精准农业、农机自动导航控制技术及应用、平地技术及应用、变量控制技术及应用、农作物产量监控技术及应用、农业物联网及应用等方面的知识和技能。针对农业机械自动化、农田平地、农作物产量精细监控、农业物联网，介绍了精准农业服务中的新成果和发展趋势。

本书突出了卫星定位导航技术服务于精准农业生产各个环节的特点，主要作为职业学校测绘类专业的技术延伸和服务拓展，也可作为农业机械化及其自动化专业的专业基础。除作为教材外，尚可作为测绘和农机专业的技术人员及科研人员的参考书。

图书在版编目(CIP)数据

导航定位与精准农业/周荣主编. —郑州：黄河水利出版社，2022. 1

全国测绘地理信息类职业教育规划教材

ISBN 978-7-5509-3153-4

Ⅰ. ①导… Ⅱ. ①周… Ⅲ. ①卫星导航-全球定位系统-应用-精准农业-高等职业教育-教材Ⅳ. ①S127

中国版本图书馆 CIP 数据核字(2021)第 238744 号

策划编辑：陶金志　电话：0371-66025273　E-mail：838739632@qq.com

出 版 社：黄河水利出版社　网址：www.yrcp.com

地址：河南省郑州市顺河路黄委会综合楼 14 层　邮政编码：450003

发行单位：黄河水利出版社

发行部电话：0371-66026940、66020550、66028024、66022620(传真)

E-mail：hhslcbs@126.com

承印单位：河南承创印务有限公司

开本：787 mm×1 092 mm　1/16

印张：8.25

字数：200 千字

版次：2022 年 1 月第 1 版　印次：2022 年 1 月第 1 次印刷

定价：32.00 元

《导航定位与精准农业》

编写委员会

前　言

本书是职业学校测绘类专业的测绘拓展课教材，以及农业机械化及其自动化专业的基础课教材。发展现代精准农业，有利于降低投入的成本，提升作物的产量和质量，保护生态环境，促进我国农业的可持续发展。卫星定位技术可以在精准农业的各个环节发挥作用，如精准播种、精准施肥、精准喷药、精准收割等。卫星定位技术在农业机械中的应用，极大地提高了农业生产和作业效率。全书介绍了全球卫星导航定位技术在精准农业机械化、自动化和作业流程中的应用。

以现代测绘技术及自动化控制技术为支撑的精确农业能够收集土地利用现状、植被分布、农作物的生长情况、农作物的灾情分布、土壤肥力等多种信息，将卫星定位技术与农艺、农机有机地结合起来，可最大限度地优化各项农业资源与生产要素的合理分配，并获取高产量和最大经济效益。因此，为优化和拓展高职高专测绘类专业课程体系，分析当前测绘与资源开发类最新前沿技术和应用领域，培养精准农业生产一线实用技能型测绘人才，将精准农业领域与卫星导航定位技术紧密结合，编写了本书。本书由河南测绘职业学院精准农业服务研究中心和拓普康索佳(上海)科贸有限公司组织编写。

本书理论阐述科学、准确，与实际联系紧密，及时、准确地反映国内外先进的精准农业中的导航定位技术。结构严谨，层次分明，条理清楚，内容浅显明了、通俗易懂，文字与图表科学、严谨、规范。编写过程中力求遵循学生学习规律，以应用为目标，以利于学生向专业拓展与深入学习。

全书共分七章，内容包括卫星导航定位技术、精准农业、农机自动导航控制技术及应用、平地技术及应用、变量控制技术及应用、农作物产量监控技术及应用、农业物联网及应用。

本书由河南测绘职业学院周荣担任主编，由朱小韦、孙树芳担任副主编，由李骏元担任主审。其中，第一章由孙树芳编写；第二、四章由朱小韦编写；第三章由王建设编写；第五章由侯威震编写；第六章由张向伟编写；第七章由石怀振编写。全书由周荣负责统稿校订。

编写过程中，编者参阅了国内外出版的有关教材和资料，听取了许多专家和老师的意见和建议，同时也得到了拓普康索佳(上海)科贸有限公司的鼎力相助。在此，对关心并给予指导的专家表示衷心的感谢！对黄河水利出版社为本书的顺利出版给予的大力支持表示感谢！

由于编者水平有限，书中难免存在不妥与疏漏之处，恳请读者批评指正。

编　者

2021 年 10 月

目 录

第一章 卫星导航定位技术

第一节 定位技术简介

全球导航定位系统(Global Navigation Satellite System,GNSS)是随着现代科学技术的发展而建立起来的新一代卫星无线电导航定位系统,是所有在轨工作的卫星导航定位系统的总称,目前主要包括 GPS(Navigation System Timing and Raging/Global positioning System-NAVSTAR/GPS)全球卫星定位系统、GLONASS(GLObal NAvigation Satellite System)全球导航卫星系统、北斗卫星导航系统、WAAS 广域增强系统、EGNOS 欧洲静地卫星导航重叠系统、DORIS 星载多普勒无线电定轨定位系统、PRARE 精确距离及变率测量系统、QZSS 准天顶卫星系统、GAGAN GPS 静地卫星增强系统,以及正在建设的 GALILEO 卫星导航定位系统、COMPASS 卫星导航定位系统和 IRNSS 印度区域导航卫星系统等。

一、卫星导航定位技术的特点

卫星导航定位系统与常规测量技术相比,具有高精度、全天候、高效率、多功能、操作简便、应用广泛等特点。

(1)定位精度高。

应用实践证明,GNSS 相对定位精度在 50 km 以内可达 10^{-6},100~500 km 可达 10^{-7}~10^{-6},1 000 km 可达 10^{-8}。

(2)观测时间短。

目前,20 km 以内相对静态定位,仅需 15~20 min;快速静态相对定位测量时,当每个流动站与基准站相距在 15 km 以内时,流动站观测时间只需 1~2 min,然后可随时定位,每站观测只需几秒钟。

(3)测站间无须通视。

GNSS 测量不要求测站之间互相通视,只需测站上空开阔即可,因此可节省大量的造标费用。由于无需点间通视,点位位置根据需要,可稀可密,使选点工作甚为灵活,也可省去经典大地网中的传算点、过渡点的测量工作。

(4)可提供三维坐标。

经典大地测量将平面与高程采用不同方法分别施测。GNSS 可同时精确测定测站点的三维坐标。目前,GNSS 水准可满足四等水准测量的精度。

(5)操作简便。

随着 GNSS 接收机不断改进,自动化程度越来越高,有的已达“傻瓜化”的程度;接收机的体积越来越小,质量越来越轻,极大地减轻了测量工作者的工作紧张程度和劳动强度。使野外工作变得轻松愉快。

(6)全天候作业。

目前 GNSS 观测可在一天 24 h 内的任何时间进行,不受阴天黑夜、起雾刮风、下雨下雪等气候的影响。

(7)功能多、应用广。

GNSS 系统不仅可用于测量、导航,还可用于测速、测时。测速的精度可达 0.1 m/s,测时的精度可达几十微秒。其应用领域不断扩大。

二、全球四大导航定位系统

全球四大导航定位系统分别为美国的 GPS 全球导航卫星系统、俄罗斯的 GLONASS 导航卫星系统、欧洲的 GALILEO 系统和我国的 COMPASS(北斗卫星导航系统),GNSS 正在步入以这四大系统为主、涵盖其他卫星导航系统的多系统并存的时代。

美国的 GPS 系统和俄罗斯的 GLONASS 系统已发展成为第二代卫星导航定位系统,欧盟的伽利略(GALILEO)系统和中国的北斗导航定位系统正在逐步完善。它们共同组成了 GNSS 全球导航卫星系统。到时,全球导航卫星将有一百多颗,定位精度和定位速度都将大大提高。

(一)美国 GPS 全球导航卫星系统

美国建立的全球定位系统,简称“全球定位系统 GPS”,译为“授时与测距导航系统/全球定位系统”。GPS 系统于 1973 年由美国政府组织研究,耗费巨资,历经约 20 年,于 1993 年全部建成。该系统是伴随现代科学技术的发展而建立起来的新一代精密卫星导航和定位系统,具有全球性、全天候、连续的三维测速、导航、定位与授时等功能。

1. GPS 系统的组成

GPS 主要由空间星座部分、地面监控部分和用户设备部分三大部分组成,如图 1-1 所示。

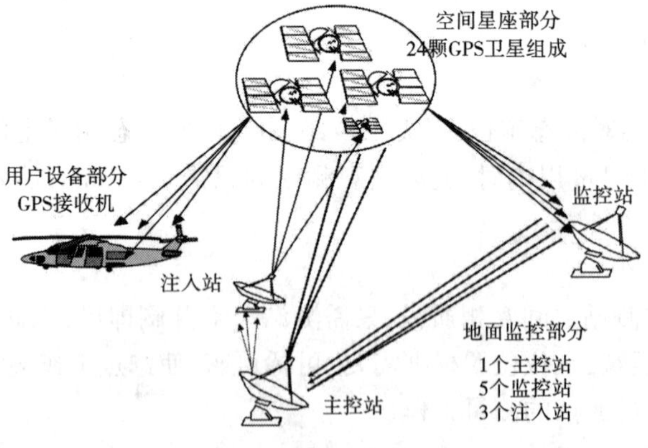

图 1-1　GPS 系统的组成

1)空间星座部分

1978 年 2 月 22 日,第一颗 GPS 试验卫星发射成功。1989 年 2 月 14 日,第一颗 GPS 工作卫星发射成功,宣告 GPS 系统进入了营运阶段。1994 年 3 月 28 日完成第 24 颗工作卫星的发射工作。GPS 卫星星座全由 24 颗卫星组成(其中,21 颗为工作卫星,3 颗为备用卫星)。工作卫星均匀分布在 6 个近圆形轨道面内,每个轨道面上有 4 颗卫星。卫星轨道面相对地球赤道面的倾角为 55°,各轨道平面升交点的赤经相差 60°,同一轨道上两卫星之间的升交角距相差 90°。轨道平均高度为 20 200 km,运行速度为 3 800 m/s,卫星运行周期为 11 h 58 min。每颗卫星可覆盖全球约 38%的面积,在地平线以上的卫星数目随时间和地点而异,最少为 4 颗,最多时达 11 颗(见图 1-2)。

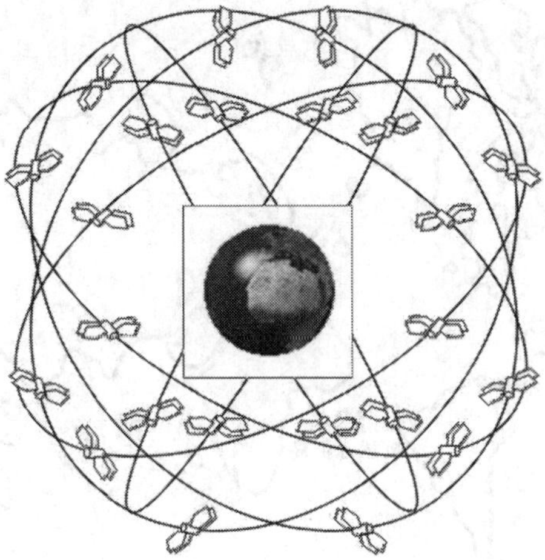

图 1-2 GPS 卫星星座分布

GPS 卫星的主体呈圆柱形,直径为 1.5 m,重约 774 kg,设计寿命为 7.5 年。主体两侧配有能自动对日定向的双叶太阳能板,为卫星正常工作提供电源,通过一个驱动系统保持卫星运转并稳定轨道位置。每颗卫星装有 4 台高精度原子钟(铷钟和铯钟各两台),以保证发射出标准频率,为 GPS 测量提供高精度的时间标准(见图 1-3)。

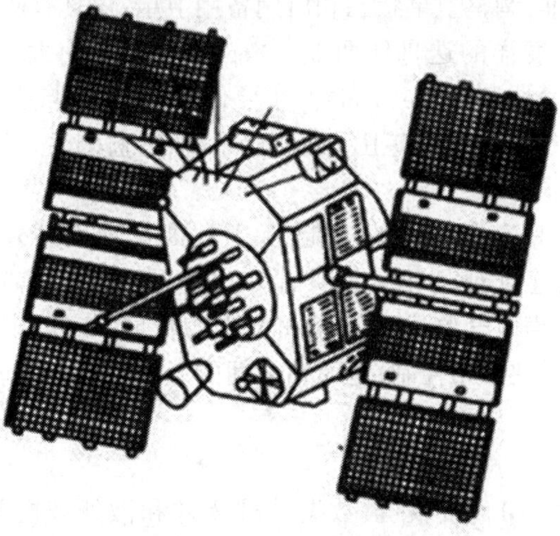

图 1-3 GPS 导航卫星

GPS 卫星的主要功能是:

(1)接收和储存由地面监控系统发射来的导航信息和其他信息。

(2)接收并执行地面监控系统发送的控制指令,如调整卫星姿态和启用备用时钟、备用卫星等。

(3)向用户连续不断地发送导航与定位信息,并提供时间标准、卫星本身的空间实时位置及其他在轨卫星的概略位置。

2)地面监控部分

GPS 的地面监控系统由分布在全球的若干个跟踪站组成,根据功能分为一个主控站(MCS)、三个注入站(GA)和五个监测站(MS)(见图 1-4)。

图 1-4　GPS 地面监控站分布

主控站:设在美国本土科罗拉多州斯平士(Colorado Spings)的联合空间执行中心。负责协调和管理所有地面监控系统。主要任务是:根据所有地面监测站的观测资料推算编制各卫星的星历、卫星钟差和大气层修正参数等,并把这些数据及导航电文传送到注入站;提供全球定位系统的时间基准;调整卫星状态和启用备用卫星;还具有监测站功能等。

注入站:分别设在印度洋的迭哥伽西亚(Diego Garcia)、南太平洋的卡瓦加兰(Kwajalein)和南大西洋的阿松森群岛(Ascension)。主要任务是:将来自主控站的卫星星历、钟差、导航电文和其他控制指令注入到相应卫星的存储系统,并监测注入信息的正确性;亦具有监测站功能。

监测站:五个地面站具有监控站的功能,除上述四个地面站外,还有一个设在夏威夷(Hawaii)。主要任务是:连续观测和接收所有 GPS 卫星发出的信号并监测卫星的工作状况,将采集到的数据连同当地气象观测资料和时间信息经初步处理后传送到主控站。

整个地面监控系统由主控站控制,地面站之间的通信系统无需人工操作,实现了高度自动化和标准化。

3)用户设备部分

GPS 用户设备部分由 GPS 接收机、数据处理软件和微处理机及其用户终端设备等组成。主要作用是接收、跟踪、变换和测量 GPS 卫星信号,从而进行导航定位。GPS 信号接收机主要功能是能够捕获到一定卫星截止角的可视卫星,并跟踪这些卫星,当接收机跟踪并捕获到卫星信号后,即可测量出接收天线至卫星的距离及其变化率,通过解调出的卫星轨道参数等数据,接收机中的微处理计算机便可根据相应的解算方法,计算出用户所在位置的经纬度、高度、速度、时间等信息。接收机设备和机内软件及 GPS 数据的后处理软件包构成完整的 GPS 用户设备。

2. GPS 卫星信号

GPS 卫星发射的信号由载波、测距码和导航电文三部分组成(见图 1-5)。

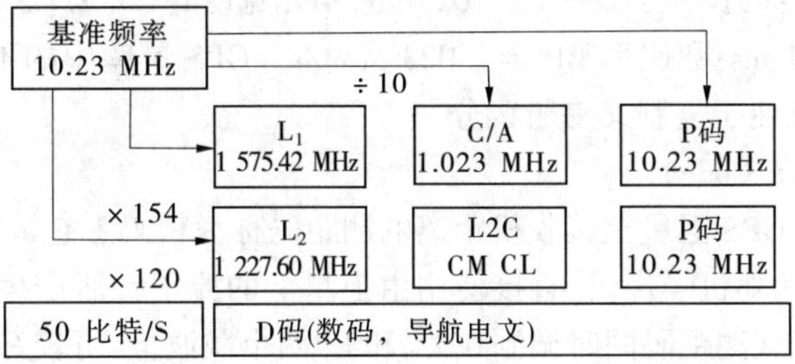

图 1-5　GPS 卫星信号的产生及构成

1)载波相位

可运载调制信号的高频振荡波称为载波。GPS 卫星发射两种频率的载波信号:载波 L_1、L_2,它们由卫星上的原子钟所产生的基准频率 $f_0=1.023$ MHz 倍频 154 倍和 120 倍产生,即频率为 1 575.42 MHz 的 L_1 载波和频率为 1 227.60 MHz 的 L_2 载波,它们的波长分别为 19.03 cm 和 24.42 cm。由于它们均位于微波的 L 波段,故分别称为 L_1 载波和 L_2 载波。

在无线电通信技术中,为了有效的高质量传播信息,都是将频率较低的信号加载在频率较高的载波上,此过程称为调制。GPS 卫星的 L_1 和 L_2 载波上携带着测距信号和导航电文。

一般通信中,当调制波到达用户接收机解调出有用信息后,载波的作用便完成了。但在测量中,载波除能传送测距码和导航电文外,它又被当作一种测距信号来使用。其测距精度比伪距测量的精度高 2~3 个数量级。因此,载波相位测量在高精度定位中得到了广泛应用。在高精度测量中,经常采用两个不同频率载波的主要目的是为了较好地消除电离层延迟的影响,提高定位精度。

2)测距码

测距码是用于测定从卫星至接收机间距离的二进制码。GPS 卫星中所用的测距码从性质上讲属于伪随机噪声码。它们是由一组取值为(0 或 1),具有确定编码规则编排起来的、可以复制的周期性的二进制序列,且具有类似于随机噪声码的自相关性特性,结构相同的随机码序列通过平移码元数,相应的码元相互对齐,易于测量。

根据性质和用途的不同,GPS 卫星发射的测距码信号中包含了 C/A 和 P(Y)码两种伪随机噪声码信号,各卫星所用的测距码互不相同。

(1)C/A 码(Coarse/Acquisition Code)。

用于进行粗略测距和捕获精码的测距码称为粗码,也称捕获码,它被调制在 L_1 载波上,是 1.023 MHz 的伪随机噪声码(PRN 码),由卫星上的原子钟所产生的基准频率 f_0 降频 10 倍产生,即 $f_{C/A}=f_0/10=1.023$ MHz。由于每颗卫星的 C/A 码都不一样,因此我们经常用它们的 PRN 号来区分卫星。

C/A 码是测定测站到卫星间距离的一种主要信号。由于 C/A 码的码长较短,为了捕获 C/A 码以测定卫星信号传播的时间延迟,通常对 C/A 码进行逐个搜索,而完成这个过程约需 20.5 s,易于捕获。而通过捕获 C/A 码所得到的卫星提供的导航电文信息,又可以方便地捕获 P 码,所以通常称 C/A 为捕获码。

C/A 码的测距精度一般为±(2～3) m。C/A 码是一种结构公开的明码,供全世界所有的用户免费使用。由于其精度较低,所以称 C/A 码为粗捕获码。

C/A 码的特征是:码长 $N_u=2^{10}-1=1\ 023$ bit;码元宽度 $t_u\approx0.977\ 52\ \mu s$,相应长度 293.1 m;周期 $T_u=N_u\cdot t_u=1$ ms;数码率 BPS=1.023 Mbit/s。GPS 星座中的不同卫星使用结构各异的 C/A 码。这样既便于复制又易于区分。

(2)P 码(Precision Code)。

用于精确测定从 GPS 卫星至接收机距离的测距码称为精码。它被调制在 L_1 和 L_2 载波上,是 10.23 MHz 的伪随机噪声码,直接使用由卫星上的原子钟所产生的基准频率,即 $f_p=f_0=10.23$ MHz。由于该测距码同时调制在 L_1 和 L_2 两个载波上,可较好地消除电离层延迟。若两个序列的码元相关误差为码元宽度的 1/100,则此时所引起的测距误差为 0.293 m,仅为 C/A 码的 1/10,故用它来测距可获得较精确的结果。所以,P 码可用于较精密的导航和定位,称为精码。

P 码的特征是:码长 $N_u=2.35\times10^{14}$ bit;码元宽度 $t_u=0.097\ 752$ us,相应长度 29.3 m。因为 P 码的码长较长(6.19×10^{12} bit),在 GPS 导航和定位中,如果采用搜索 C/A 码的办法来捕获 P 码,即逐个码元依次进行搜索,当搜索的速度仍为每秒 50 码元时,约需 14×15^5 d,那将是无法实现的,不易捕获。因此,一般都是先捕获 C/A 码,然后根据导航电文中给出的有关信息,便可捕获 P 码。

3)导航电文

导航信息被调制在 L_1 载波上,其信号频率为 50 Hz,GPS 卫星导航电文主要提供了卫星在空间的位置、卫星的工作状态、卫星钟的修正参数、电离层延迟修正参数等重要信息。这些信息是以二进制码的形式按规定格式编码,并按帧发给用户接收机,因此又称之为数据码(D 码)。

导航电文的传输速率为 50 bit/s,以"帧"为单位向外发送。每帧的长度为 1 500 bit,播发完一个主帧需 30 s。一个主帧包括 5 个子帧。每个子帧均包含 300 bit,播发时间为 6 s。每个子帧又可分为 10 个字,每个字都由 30 bit 组成。其中,第四、五两个子帧各有 25 个页面,需要 750 s 才能将 25 个页面全部播发完。第一、二、三子帧每 30 s 重复一次,其内容每隔 2 h 更新一次。第四、五子帧每 30 s 翻转一页,12.5 min 完整地播发一次,然后重复。其内容仅在卫星注入新的导航数据后才得以更新。

卫星导航电文的基本构成如图 1-6 所示:

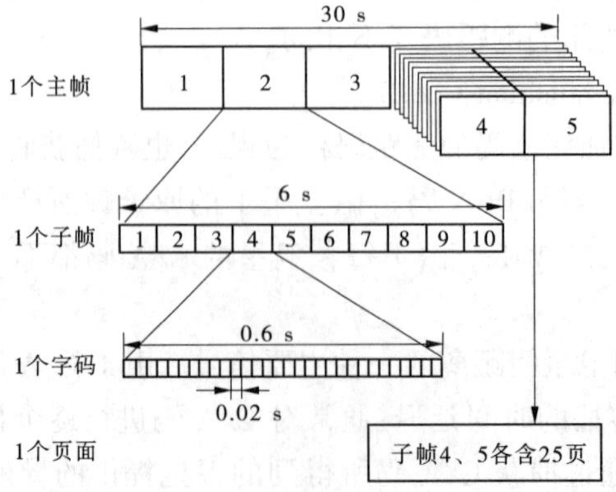

图 1-6 导航电文的组成

在每帧导航电文中,各子帧电文由以下几部分组成:

(1)遥测码(telemetry word,TLW)。

位于各子帧的开头,它用来表明卫星注入数据的状态。

(2)转换码(hand over word,HOW)。

转换码位于每个子帧的第2个字码。其作用是提供用户从捕获的C/A码转换到捕获P码的Z计数。Z计数值位于转换码的第1~第17字码,是从每周六/周日零时起算的时间计数。因此,当知道了Z计数,即知道了观测瞬间在P码周期中所处的准确位置,这样便可迅速捕获P码。

(3)第一数据块。

第一数据块是位于第1子帧的第3~第10字码,它的主要内容包括:①时延差改正T_{gd}:就是载波L_1、L_2的电离层时延差。②数据龄期AODC:卫星时钟的数据龄期AODC是时钟改正数的外推时间间隔,它指明卫星时钟改正数的置信度。③星期序号WN:表示从1980年1月6日零点(UTC)起算的星期数,即GPS星期数。④卫星时钟改正:GPS时间系统是以地面主控站的主原子钟为基准。由于主控站主原子钟的不稳定性,GPS时间和UTC时间之间存在差值。地面监控通过监测确定出这种差值,并用导航电文播发给广大用户。

(4)第二数据块。

导航电文的第2和第3子帧组成第二数据块,其内容为GPS卫星星历,即描述卫星运行及其轨道参数的信息,提供有关计算卫星运行位置的数据,它是GPS卫星向导航、定位用户播发的主要电文。

(5)第三数据块。

第三数据块包括第4和第5两个子帧,其内容包括了所有GPS卫星的历书数据。当接收机捕获到某颗GPS卫星信号后,根据第三数据块提供的其他卫星的概略星历、时钟改正、卫星工作状态等数据,用户可以选择工作正常、位置适当的卫星,并较快地捕获到所选择的卫星。

(二)俄罗斯GLONASS导航卫星系统

苏联在全面总结CICADA第一代卫星导航系统的基础上,认真吸收了美国GPS系统的成功经验,研制、组建了第二代卫星导航定位系统GLONASS。该系统于1996年1月18日正式运行,主要用途为军用。GLONASS系统与GPS系统一样,可为地球上任何地方的用户提供连续的、精确的三维坐标、速度及时间信息。

1. GLONASS系统组成

GLONASS系统由卫星星座、地面监测控制站和用户设备三部分组成。

1)GLONASS卫星星座

GLONASS设计星座由30颗卫星组成(27颗工作卫星和3颗备用卫星),均匀分布在3个近圆形的轨道平面上,轨道平面两两相隔120°,每个轨道面有8颗卫星,同平面内的卫星之间相隔45°,轨道高度约19 100 km,轨道倾角64.8°,运行周期11 h 15 min 44 s(见图1-7)。

GLONASS卫星每颗质量为1 400 kg,圆柱体两侧配有太阳能帆板,功率为1 600 W,为三轴稳定的增压密封圆柱体。该卫星由水平感光器、激光后射反射器、12单元导航信号天线和各种指挥和控制天线组成,附在增压圆柱体侧面的有太阳能电池板、轨道校正发动机、姿态控制系统和热控制通气窗,设计寿命一般为2~3年。所有GLONASS卫星均使用精密

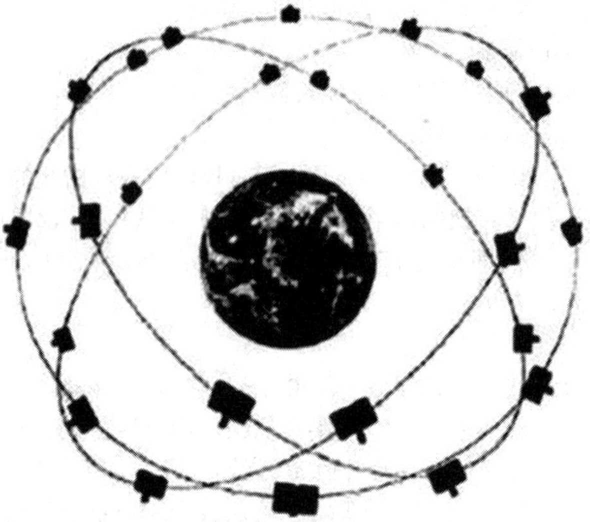

图 1-7　GLONASS 卫星星座

铯钟作为其频率基准,并向所有星载设备提供高稳定的同步信号。

GLONASS 系统所采用的时间系统为苏联自己维持的 UTC 时间,除存在跳秒外,与 GPS 时间系统 GPST 间有数十纳秒的差异。坐标系统为 PZ90 坐标系,与 GPS 系统采用的坐标系统 WGS84 不同。

2)地面支持系统

地面支持系统由系统控制中心、中央同步器、遥测遥控站(含激光跟踪站)和外场导航控制设备组成。地面支持系统的功能由苏联境内的许多场地来完成。随着苏联的解体,GLONASS 系统由俄罗斯航天局管理,地面支持段已经减少到只有俄罗斯境内的场地了,系统控制中心和中央同步处理器位于莫斯科,遥测遥控站位于圣彼得堡、捷尔诺波尔、埃尼谢斯克和共青城。

相对于 GPS 均匀分布在全球范围的监测站,GLONASS 的监测站分布在俄罗斯境内,为了弥补布站的缺陷,在卫星上安装了后向激光反射棱镜,通过高精度的人卫激光测距成果来修正无线电测距结果,以此提高测距精度。

3)用户设备

GLONASS 用户接收机设备接收 GLONASS 卫星发射的信号,并测量其伪距和伪距变化率,同时从卫星信号中提取并处理导航电文,接收机处理器对上述数据进行处理并计算出用户所在的位置、速度和时间信息。

GLONASS 系统运行正常,但生产用户设备的厂家较少,多为专用型。如采用 GPS/GLONASS 联合接收机有很多优点:用户同时可以接收的卫星数目增加 1 倍,可以明显改善观测卫星的几何分布,提高定位精度;由于可见卫星数目增加,在一些遮挡物较多的城市、森林等地区进行测量定位,可提高作业的精度和速度;利用两个独立的卫星定位系统进行导航和定位,可有效地消弱美俄两国对各自定位系统的可能控制,提高定位的可靠性和安全性。

2. GLONASS 卫星信号

GLONASS 卫星信号与美国 GPS 系统不同,采用频分多址(FDMA)方式,根据载波频率来区分不同卫星(GPS 是码分多址(CDMA),所有 GPS 卫星的载波的频率是相同,均为 L_1 = 1 575.42 MHz 和 L_2 = 1 227.6 MHz,根据调制码来区分卫星)。第 i 颗卫星发播的两种载波的频率分别为 L_1 = 1 602+0.562 5(i-1)(MHz)和 L_2 = 1 246+0.437 5(i-1)(MHz),其中 i = 0~24,为每颗卫星的频率编号(其中 0 号卫星为试验之用)。

GLONASS 卫星的载波上也调制了两种伪随机噪声码:S 码和 P 码。俄罗斯对 GLONASS 系统采用了军民合用、不加密的开放政策。

(三)伽利略(GALILEO)卫星导航系统

伽利略定位系统(GALILEO),是由欧盟研制和建立的全球卫星导航定位系统,由欧洲委员会和欧空局共同负责。作为世界上第一个全球民用卫星导航定位系统,对未来世界产生了重要影响。

1992 年 2 月,欧盟首次提出"伽利略"计划。计划分成四个阶段:论证阶段,时间为 2000 年;系统研制阶段,包括研制卫星及地面设施、系统在轨确认,时间为 2001~2005 年;星座布设阶段,包括制造和发射卫星,地面设施建设并投入使用,时间为 2006~2007 年;运营阶段,从 2008 年开始。"伽利略"计划投资预算约为 32.5 亿欧元,服务范围覆盖全球,可以提供导航、定位、时间、通信等项服务。其服务方式包括开放服务、商业服务和官方服务三个方面。

GALILEO 系统提供的服务有公开服务、安全服务、商业服务、政府服务等不同模式的多服务。除具有与 GPS 相同的全球导航定位功能以外,还具有全球搜寻援救(search and rescue,SAR)功能。为此,每颗 GALILEO 卫星装备了一种援救收发器,接收来自遇险用户的救援信号,并将它转发给地面援救协调中心,后者组织对遇险用户的援救。同时,GALILEO 还向遇险用户发给援救安排通报,以便遇险用户等待援救。GALILEO 接收机不仅可以接收本系统信号,而且可以接收 GPS 和 GLONASS 系统的信号,并且实现导航功能和移动电话功能的结合。

我国政府与欧盟在"伽利略"系统方面进行了深层次的合作。2003 年 9 月 18 日,我国科技部与欧盟能源交通司草签了合作协议。双方在"伽利略"计划的实施过程中将开展广泛的合作,合作领域包括卫星的制造和发射、无线电传播环境试验、地面系统、接收机标准等。

1. GALILEO 系统组成

GALILEO 系统的基本结构包括空间星座部分、地面控制部分、区域设施部分、局域设施部分、用户接收机等。

1)空间星座部分

GALILEO 系统由 30 颗中轨道卫星(MEO)组成(27 颗工作卫星和 3 颗备用卫星)。卫星均匀地分布在高度约为 23 616 km 的 3 个轨道面上,每个轨道上有 10 颗,其中包括 1 颗备用卫星,轨道倾角为 56°,卫星绕地球一周约 14 h 22 min,这样的布设可以满足全球无缝隙导航定位。卫星的设计寿命为 20 年,每颗卫星都将搭载导航载荷和一台搜救转发器。卫星发射采用一箭多星的发射方式,每次发射可以把 5 颗或 6 颗卫星同时送入轨道(见图 1-8)。

卫星星体围绕指向地球的偏航轴旋转,以保持它的太阳能电池帆板能指向太阳。星体结构采用矩形箱,有效载荷和卫星平台组装在独立的结构面板上。卫星发射质量达到 700 kg(包括推进剂)。

授时部分由原子钟提供精确的时间参考。有两种不同的原子钟,即铷原子钟和氢原子钟。铷原子钟质量为3.3 kg,由激光泵浦激发铷原子振荡,使其频率达到微波级的6.2 GHz。氢原子钟最终模型质量为15 kg,将直接以1.4 GHz的频率振动。这种微波激射器的稳定性非常高,卫星绕轨道运行一周只需要一次地面注入。

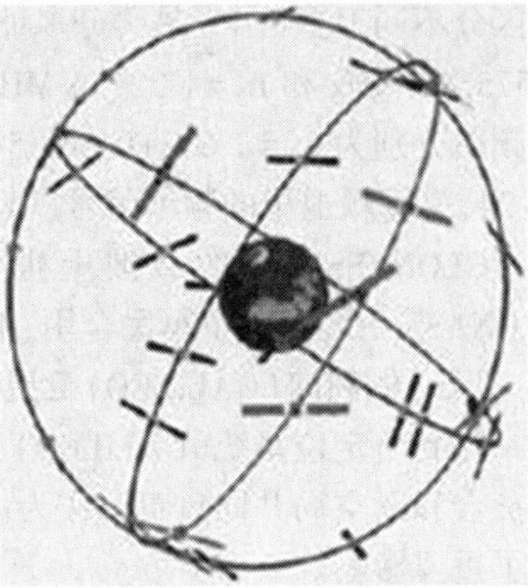
图1-8 GALILEO空间星座

2)地面控制部分

地面控制设施包括卫星控制中心和提供各项服务所必需的地面设施,用于管理卫星星座及测定和传播集成信号。地面控制部分两大功能包括导航控制与星座维护及完好性监控。

地面控制部分的构成如下:

(1)两个控制中心(GCC)。两个控制中心是地面控制部分的核心,分别位于法国和意大利。功能是:控制星座,保证卫星原子钟的同步,完好性信号的处理,监控卫星及由它们提供的服务,还有内部及外部数据的处理。GCC由轨道同步与处理设施(OSPF),精确授时设施(PTF),完好性处理设施(IPF),任务控制设施(MCF),卫星控制设施(SCF),服务产品设施(SPF)组成。

(2)GALILEO上行链路站(GUS)。往返于卫星的数据将通过GALILEO上行链路站的全球网络来传输,其中每个GUS都综合了一个TT&C站和一个任务上行站(MUS)。TT&C站上行链路通过S波段发射,MUS通过C波段发射。

(3)GALILEO监测站(GSS)网络。分布在全球范围的GSS网络接收卫星导航信息(SIS),并且检测卫星导航信号的质量,以及气象和其他所要求的环境信息。这些站收到的信息将通过GALILEO通信网(GCN)中继传输至两个GCC。完好性信息是GALILEO与其他GNSS系统的主要区别。

(4)GALILEO全球通信网络。利用地面和VSAT卫星链路,把所有地面站和地面设施连接起来。

3)区域设施部分(regional components)

区域设施部分由完好性监测站(IMS)网络、完好性控制中心(ICC)和完好性注入站(IULS)组成。区域范围内服务的提供者可独立使用GALILEO系统提供的完好性上行链路通道发布区域完好性数据,这将确保每个用户能够收到至少由两颗仰角在25°以上的卫星提供的完好性信号。全球最多可设8个区域性地面设施。在欧洲以外地区由专门对该地区GALILEO系统进行完好性监测的地面段组成独立区域设施,区域服务供应商负责投资、部署和运营。

4)局域设施部分(local components)

GALILEO局域设施部分将根据当地需要,增强系统性能。局域设备需确保完好性检测、数据的处理和发射。将数据传输至用户接收机既可以通过特别的链路,也可以不通过GALILEO系统,而采用如GSM或UMTS标准的移动通信网等已存在的通信网。

5)用户接收机

GALILEO用户接收机具备下列功能:

(1)直接接收 GALILEO 的 SIS 信号。

(2)拥有与区域和局域设施部分所提供服务的接口。

(3)能与其他定位导航系统(如 GPS)及通信系统(如 UMTS)互操作。

另外,GALILEO 接收机还具有通过集成标准化微芯片来实现其他功能的技术潜力:

(1)将 GALILEO 微型终端集成进入移动电话,使之具备定位导航功能。

(2)集成航空导航功能,使之应用于飞行器试验。

(3)集成进入车载导航平台,向驾驶员提供定位与交通监测服务。

GALILEO 作为世界上第一个全球民用卫星导航定位系统,将对未来世界产生重要影响,因而跟踪了解 GALILEO 系统,对于我国将来更好地应用该系统,发展我国的科技与国民经济有着重要的意义。

2. GALILEO 卫星信号

GALILEO 卫星信号采用 4 种位于 L 波段的多载频来发射,其频率分别为:E5a:1 176.45 MHz;E5b:1 207.14 MHz;Eb:1 278.75 MHz;E2-L1-E1:1 575.42 MHz。

(四)中国北斗卫星导航系统

北斗卫星导航系统(BeiDou(COMPASS)Navigation Satellite Syste)是我国正在实施的自主研发、独立运行的全球卫星导航系统(如图 1-9 所示)。我国北斗卫星导航系统是继美国 GPS、俄罗斯 GLONASS、欧洲 GALILEO 之后,全球第四大卫星导航系统。北斗卫星导航系统包括北斗一号和北斗二号两代导航系统,北斗一号是区域卫星导航系统,北斗二号可实现全球的定位与导航。

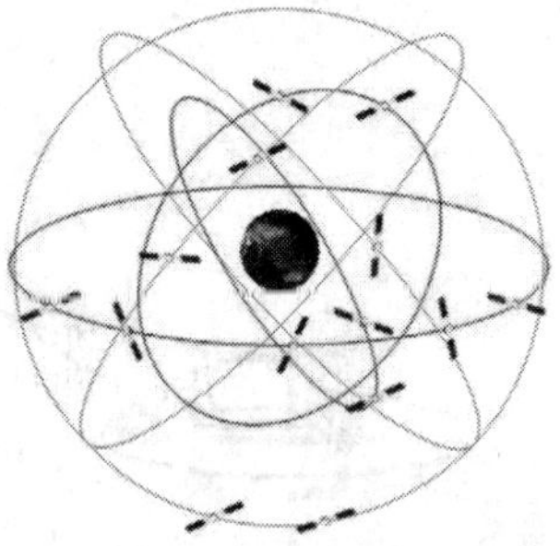

图 1-9 北斗卫星导航系统星座

系统建设目标是:建成独立自主、开放兼容、技术先进、稳定可靠的覆盖全球的北斗卫星导航系统,促进卫星导航产业链形成,形成完善的国家卫星导航应用产业支撑、推广和保障体系,推动卫星导航在国民经济社会各行业的广泛应用。

1. 北斗一号卫星导航系统

1983 年,“两弹一星”功勋奖章获得者陈芳允院士及其合作团队提出利用两颗同步定点卫星进行定位导航的设想,经过分析和初步试验,证明效果良好,这一系统被称为“双星定位系统”,其工程代号为“北斗一号”。

北斗一号卫星导航定位系统是我国独立自主研制的第一代卫星导航定位系统,是一种全天候、较高精度、区域性(中国境内)的卫星导航定位系统,可实现快速定位(导航)、双向简短报文通信和定时授时三大功能,其中后两项功能是 GPS 系统所不具备的,定位精度在我国地区与 GPS 定位精度相当。

北斗卫星导航系统由空间卫星、地面控制中心站和用户终端等三部分构成。空间部分即“北斗一号”由两颗工作卫星和两颗备份卫星组成,突出特点是构成系统的空间卫星数目少、用户终端设备简单、一切复杂性均集中于地面中心处理站。

卫星由中国空间技术研究院研究制造,两颗定位卫星及备份卫星发射时间如下:

2000 年 10 月 31 日,长征三号甲,北斗-1A,地球静止轨道,140°E;

2000年12月21日,长征三号甲,北斗-1B,GEO,80°E;

2003年5月25日,长征三号甲,北斗-1C,GEO,110.5°E,第三颗是备用卫星;

2007年2月3日,长征三号甲,北斗-1D,GEO,86°E,第四颗是备用卫星。

两颗地球同步卫星分别定点于东经80°和东经140°36 000 km赤道上空,导航定位使用频段为:1 610~1 626.5 MHz(L频段,上行链路),2 483.5~2 500 MHz(S频段,下行链路)。

北斗一号卫星导航定位系统工作的基本原理为空间球面交会测量原理(见图1-10),采用主动式定位方法。地面中心站通过卫星向用户询问,用户应答后测量并计算出用户到卫星的距离,然后根据地面中心站的数字地图,由地面中心站算出用户到地心距离,再根据卫星和地面中心站的已知地心坐标计算出用户的三维位置,由卫星发送给用户。由于在定位时需要用户终端向定位卫星发送定位信号,由信号到达定位卫星时间的差值计算用户位置,所以被称为"有源定位"。

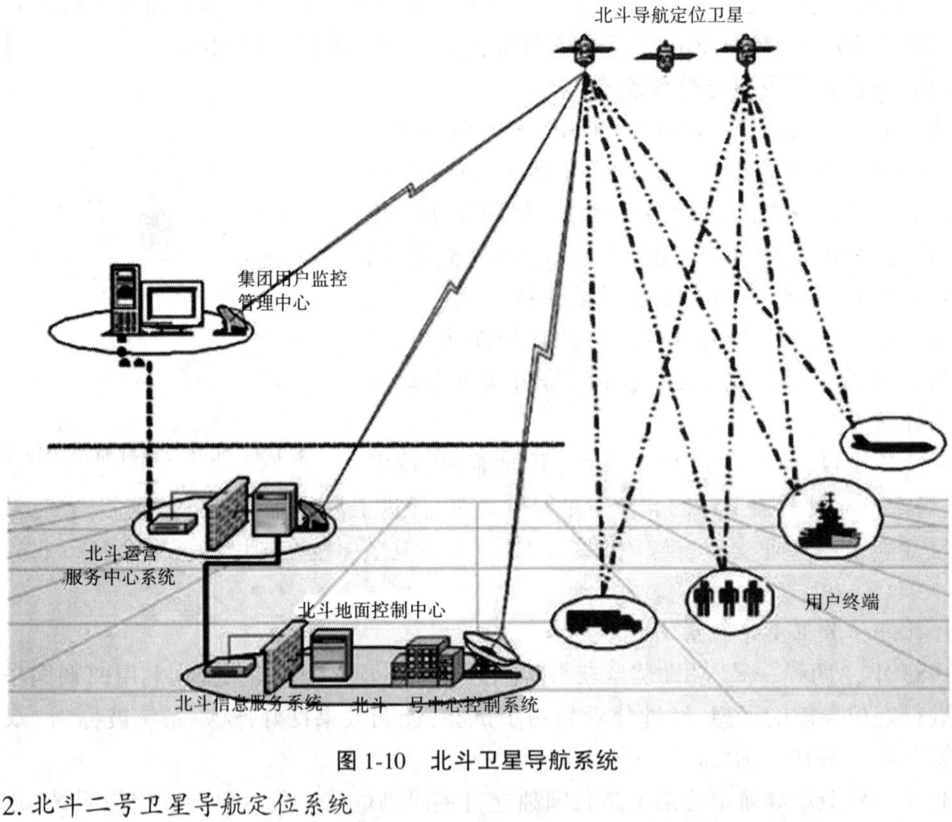

图1-10 北斗卫星导航系统

2. 北斗二号卫星导航定位系统

北斗二号卫星导航定位系统(COMPASS)是继北斗一号卫星导航定位系统后的我国新一代卫星导航系统,目前正处于研制阶段。北斗卫星导航系统提供两种服务方式:开放服务和授权服务。开放服务是在服务区免费提供定位、测速和授时服务,定位精度为10 m,授时精度为50 ns,测速精度为0.2 m/s。授权服务是向授权用户提供更安全的定位、测速、授时和通信服务及系统完好性信息。

北斗卫星导航系统由空间段、地面段和用户段三部分组成。空间段包括5颗静止轨道卫星和30颗非静止轨道卫星,地面段包括主控站、注入站和监测站等若干个地面站,用户段包括北斗用户终端及与其他卫星导航系统兼容的终端。

1)空间段

空间段包括 5 颗静止轨道卫星和 30 颗非静止轨道卫星。

5 颗静止轨道卫星,为 36 000 km 高度的地球同步卫星;5 颗静止轨道卫星在赤道上空的分布为:58. 75°E、80°E、110. 5°E、140°E 和 160°E,提供 RNSS 和 RDSS 信号链路。30 颗非静止轨道卫星由 27 颗中轨(MEO)卫星和 3 颗倾斜同步(IGSO)卫星组成,提供 RNSS 信号链路,27 颗 MEO 卫星分布在倾角为 55°的三个轨道平面上,每个面上有 9 颗卫星,轨道高度为 21 500 km。

北斗系统的时间系统(BDT)的起算历元时间为 2006 年 1 月 1 日零时零分零秒(UTC),与 UTC 的时间偏差小于 100 ns,与 GPS 时和 GALILEO 时的时差将会被监测和发布。坐标系统采用中国 2000 国家大地坐标系统(CGCS2000)。

2)地面段

地面段包括主控站、注入站和监测站等若干个地面站。

主控站主要任务是收集各个监测站段观测数据,进行数据处理,生成卫星导航电文和差分完好性信息,完成任务规划与调度,实现系统运行管理与控制等。

注入站主要任务是在主控站的统一调度下,完成卫星导航电文、差分完好性信息注入和有效载荷段控制管理。

监测站接收导航卫星信号,发送给主控站,实现对卫星段跟踪、监测,为卫星轨道确定和时间同步提供观测资料。

3)用户段

包括北斗系统用户终端及与其他卫星导航系统兼容的终端。北斗卫星导航系统采用卫星无线电测定(RDSS)与卫星无线电导航(RNSS)集成体制,既能像 GPS、GLONASS、GALILEO 系统一样,为用户提供卫星无线电导航服务,又具有位置报告以及短报文通信功能。

3. 北斗卫星信号

工作频段为:B1:1 559. 052~1 591. 788 MHz;B2:1 166. 22~1 217. 37 MHz;B3:1 250. 618~286. 423 MHz。

4. 北斗卫星导航系统对精准农业方面的应用优势

1)有助于播种前调查土壤的养分分布

播种前,按要求在农田中采集土壤样品。将可用于农田中运行的配有北斗导航系统的接收机和安装地理信息系统软件电脑的采样车辆,配有北斗导航系统的接收机把采集样品时的位置精确地测定出来,并输入电脑,电脑根据地理信息系统标注的结果标定采样点,同时绘制出一幅土壤样品点位分布图。这样,有助于播种前就掌握土壤养分的分布。

2)精确管理农作物的生长,合理对农作物进行施肥

借助北斗卫星导航系统的定位,根据土壤养分含量分布图,精确地在田间地里定点施肥,施用的化肥数量和种类由电脑根据养分含量分布图控制。利用北斗卫星导航系统定位采集和分析农作物的样品,绘制不同时期农作物生长的土壤含量分布图,可以精确地管理农作物的生长情况。

另外,因为农作物的气孔夜间是张开的,比白天更容易吸收除草剂和肥料,夜间作业将有效提高除草剂和施肥的使用效率。利用北斗卫星导航系统进行精密定位导航,引导农机具夜里在田间喷施作业,可以减少农药和化肥的使用量,节省了资源,避免了浪费。

3)有效监测农作物的面积和产量

北斗卫星导航定位系统提供了可靠的无源定位服务,将满足低成本化、高精度定位等精准农业应用的需要,具有良好的潜力和应用优势,是我国未来精准农业技术发展的核心组成部分。在联合收割机上配置北斗卫星导航系统接收机、产量监视器和电脑,组成了作物产量监视系统。不同的农作物需配备不同的监视器。比如,当收割玉米时,北斗卫星导航系统将定位收割玉米所处的位置,通过电脑绘制出该块土地的产量分布图,同时结合土壤养分含量分布图的综合分析,最终找到影响作物产量的有关因素,有效监控农作物的面积和产量。

4)有效防控植物的病虫害

我国目前使用以粗放式的统一喷施为主的田地间施药方式,应大力推广针对田地间病虫草情况提出最佳治理方案是处方变量喷施。将北斗卫星定位导航系统定位病虫害的位置生成治理田间病虫害的变量施药处方图,并且进行施药作业,将有效起到精准定位、防控植物病虫害的作用。

第二节 定位原理

一、卫星定位基本原理

GNSS 卫星定位原理是空间距离后方交会,即利用空间分布的卫星以及卫星到接收机测得的距离,按距离交会的方法计算出接收机的位置。实质是把卫星视为“动态”的已知点,在已知其瞬时(历元)坐标的条件下,进行空间距离后方交会,确定用户接收机天线所在的位置。

按照空间距离交会原理,要解算待定点三个坐标分量参数(X,Y,Z),理论上需要 3 颗卫星建立三个方程来解算参数即可。但卫星到接收机高精度距离的量测需依靠卫星及接收机钟的准确性,其中,卫星上安置的原子钟,稳定度很高,而接收机处的时钟是石英钟,稳定度一般,故须将接收机钟差作为一个待定参数。由此,增加一个参数,就需增加一个方程,多一个方程,就需多一颗卫星。因此,实际定位中需要 4 颗或 4 颗以上的卫星。GNSS 卫星定位原理如图 1-11 所示。

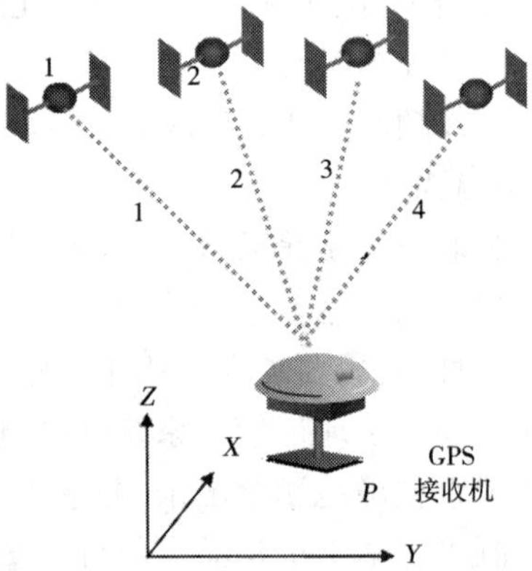

图 1-11 GNSS 卫星定位原理

设某时刻,用户接收机待定位置 P 为(x_{ue},y_{ue},z_{ue}),接收机到四颗导航卫星中第 i 颗卫星的(S_1,S_2,S_3,S_4)的距离为 ρ^i,第 i 颗卫星的三维坐标为($x_{sv}^i,y_{sv}^i,z_{sv}^i$),$i=1,2,3,4$,则第 i 颗卫星的观测方程为:

$$\rho^i=\sqrt{(x_{sv}^i-x_{ue})^2+(y_{sv}^i-y_{ue})^2+(z_{sv}^i-z_{ue})}+c\cdot\delta_{tue} \qquad (1\text{-}1)$$

式中 c——光速;

δ_{tue}——接收机钟差。

由上述方程可知,GNSS 卫星定位中,要解决两个问题:

一是该观测瞬时导航卫星的位置。可通过接收的广播星历,实时计算卫星的位置。二是观测瞬间卫星到接收机的距离。上述两个问题解决后，方程中便剩下四个未知数，可按公式(1-1)来建立4颗或4颗以上卫星的观测方程来解算用户接收机的位置，从而达到导航定位的目的，所以卫星定位中观测瞬间卫星到接收机距离的测量尤其关键。距离观测常用的方法有两种：一种是测距码伪距测量，另一种是载波相位测量。

二、测距码伪距测量

(一)测量原理

测码伪距测量是通过测量GPS卫星发射的测距码信号到达用户接收机的传播时间，从而计算出接收机至卫星的距离ρ(伪距)：

$$\rho = \Delta t c \tag{1-2}$$

式中 Δt——传播时间；

c——光速。

为了测量上述测距码信号的传播时间，导航卫星在卫星钟的某一时刻t^S发射出某一测距码信号，用户接收机依照接收机时钟在同一时刻也产生一个与发射码完全相同的码(称为复制码)。卫星发射的测距码信号经过Δt时间在接收机时钟的t_R时刻被接收机收到(称为接收码)，接收机通过时间延迟器将复制码向后平移若干码元，使复制码信号与接收码信号达到最大相关(复制码与接收码完全对齐，相关系数$R=1$)，并记录平移的码元数。平移的码元数与码元宽度的乘积，就是卫星发射的码信号到达接收机天线的传播时间Δt，又称时间延迟。测码伪距测量过程见图1-12。

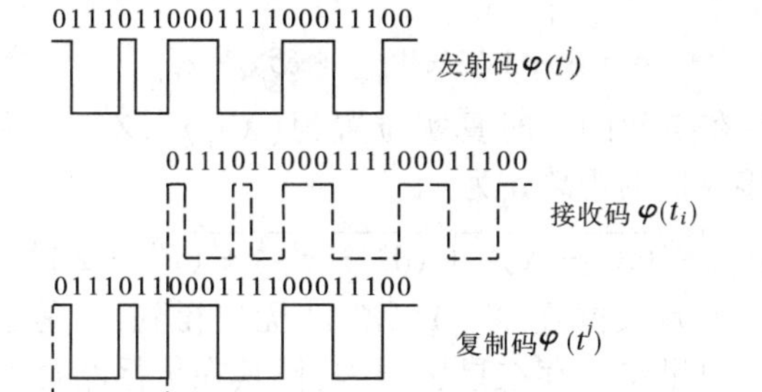

图1-12 测码伪距测量

由上述测量过程可知，如用测距码来测定伪距，接收机必须能产生相同的测距码(复制码)，然后不断变动延迟时间，搜索卫星信号，直到相关系数为1完成测量。测得距离ρ由于受卫星钟和接收机钟钟差的影响，以及受卫星信号在电离层和对流层中真实传播速度并不等于c的影响，所以测得距离并非卫星到接收机的真实距离，而是包含上述误差，因此称为伪距。

(二)观测方程

伪距测量中，为了准确地测定卫星到接收机间的距离，必须考虑卫星钟与用户接收机钟差的影响，同时还需考虑卫星信号穿越大气层时对卫星信号的影响。由于卫星钟、接收机钟的误差及卫星信号穿越电离层和对流层中的延迟误差，导致实际测出的伪距$\tilde{\rho}$与卫星到接

收机的几何距离 ρ 之间有一定差值。

伪距观测值 $\tilde{\rho}$ 可用下式表示：

$$\tilde{\rho} = c(t_R - t^S) \tag{1-3}$$

式中　c——真空光速；

t_R——信号到达接收机的时刻；

t^S——信号离开卫星的时刻。

由于卫星钟与接收机钟不同步，顾及到卫星钟钟差 δ_{t^S} 与接收机钟钟差 δ_{t_R} 影响，则卫星信号离开卫星的真实时刻 τ_a、卫星信号到达接收机的真实时刻 τ_b 有以下公式：

$$\tau_a = t^S + \delta_{t^S} \tag{1-4}$$

$$\tau_b = t_R + \delta_{t_R} \tag{1-5}$$

顾及到卫星钟钟差 δ_{t^S} 与接收机钟钟差 δ_{t_R} 影响的伪距观测值 $\tilde{\rho}$ 可表示为：

$$\begin{aligned}\tilde{\rho} &= c(t_R - t^S) = c(\tau_b - \delta_{t_R}) - c(\tau_a - \delta_{t^S}) \\ &= c(\tau_b - \tau_a) + c\delta_{t^S} - c\delta_{t_R}\end{aligned} \tag{1-6}$$

式中 $(\tau_b-\tau_a)$ 为卫星信号真实的传播时间，乘以光速 c 并不等于卫星到接收机的真实距离 ρ，因为卫星信号穿越电离层和对流层时有延迟误差，在传播时并不是以光速 c 传播的，因此需考虑电离层延迟改正 V_{ion} 和对流层延迟改正 V_{trop}，真实几何距离 ρ 的公式如下：

$$\rho = c(\tau_b - \tau_a) + V_{ion} + V_{trop} \tag{1-7}$$

由式(1-6)和式(1-7)得：

$$\tilde{\rho} = \rho - V_{ion} - V_{trop} + c\delta_{t^S} - c\delta_{t_R} \tag{1-8}$$

设某时刻第 i 颗卫星在空间的瞬时真实位置为 $(X^{i'}, Y^{i'}, Z^{i'})^{\mathrm{T}}$，接收机测站瞬时的位置为 $(X, Y, Z)^{\mathrm{T}}$，则卫星到接收机的距离 ρ'_i 为：

$$\rho'_i = \sqrt{(X^{i'} - X)^2 + (Y^{i'} - Y)^2 + (Z^{i'} - Z)^2} \tag{1-9}$$

由于卫星在空间的瞬时真实位置 $(X^{i'}, Y^{i'}, Z^{i'})^{\mathrm{T}}$ 无法得到，而是通过卫星星历计算出卫星的位置 $(X^i, Y^i, Z^i)^{\mathrm{T}}$，但卫星星历存在星历误差，设其在传播路径上的投影量为 $\sigma\rho_i$，同时顾及多路径误差的影响 $\sigma\rho_{mul}$ 及测量噪声 ε 时的公式为：

$$\begin{aligned}\tilde{\rho}_i = &\sqrt{(X^i - X)^2 + (Y^i - Y)^2 + (Z^i - Z)^2} + c\delta_{t^S} - \\ &c\delta_{t_R} - (V_{ion})_i - (V_{trop})_i + \sigma\rho_i + (\sigma\rho_{mul})_i + \varepsilon_i\end{aligned} \tag{1-10}$$

上述公式即为测码伪距观测方程。实际应用时，卫星星历误差在传播路径上的投影量 $\sigma\rho_i$ 一般通过选择精确的卫星星历使其影响忽略。多路径误差的影响 $\sigma\rho_{mul}$ 一般难以模型化，可选择合适的测站、接收机等加以限制，忽略影响。测量噪声 ε_i 一般被当作随机误差，用数理统计的方法描述。因此，实际应用的测码伪距观测方程为：

$$\tilde{\rho}_i = \sqrt{(X^i - X)^2 + (Y^i - Y)^2 + (Z^i - Z)^2} + c\delta_{t^S} - c\delta_{t_R} - (V_{ion})_i - (V_{trop})_i \tag{1-11}$$

式中　i——某时刻第 i 颗卫星的观测方程，$i=1,2,3\cdots$。

三、载波相位测量

由于测码伪距的量测精度过低，无法满足测量定位的需要，而载波波长比 C/A 码的码长短,可以达到很高的精度。载波相位测量是通过测定用户接收机本振参考信号与卫星载波信号的相位差,间接测定卫星到接收机天线间几何距离。

载波信号是一种周期性的正弦信号,而相位测量又只能测定其不足一个波长的部分,因而存在着整周数不确定性的问题。此外,整周计数部分还可能产生整周跳变,从而使解算过程变得复杂,故数据处理前需进行周跳的探测与修复。

由于载波上调制了测距码和导航电文,因而接收到的载波相位已不再连续,所以在进行载波相位测量前,需要将调制在载波上的测距码和导航电文解调,重新获取连续的载波,这一工作称为重建载波。重建载波可采用码相关法、平方法、互相关技术及 Z 跟踪技术等方法。码相关法须知道测距码的结构,用户可提取测距信号和卫星电文;平方法用户无须掌握测距码的结构,但只能获得载波信号而无法获得测距码和导航电文。

(一)载波相位测量

载波相位测量是通过测量 GPS 卫星发射的载波信号从 GPS 卫星发射到 GPS 接收机的传播路程上的相位变化,从而确定传播距离,因而又称为测相伪距测量。

载波信号的相位变化可以通过如下方法测得:

某一卫星钟时刻 t^j 卫星发射载波信号 $\varphi^j(t^j)$,与此同时接收机内振荡器复制一个与发射载波的初相和频率完全相同的参考载波 $\varphi^i(t^j)$,在接收机钟时刻 t_i 被接收机收到的卫星载波信号 $\varphi_i(t_i)$ 与此时的接收机参考载波信号的相位差,就是载波信号从卫星传播到接收机的相位延迟(载波相位观测量)。测量过程见图 1-13。

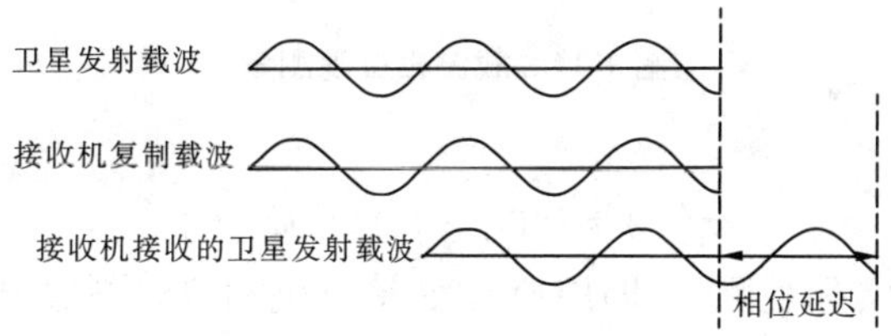

图 1-13　载波相位测量

因此,接收机在接收机钟时刻 t_i 观测卫星 S^j 的相位观测量可写为:

$$\Phi_i^j(t_i) = \varphi_i(t_i) - \varphi^j(t^j) = \varphi_i(t_i) - \varphi_i(t^j) \tag{1-12}$$

相位与频率的关系是 $\varphi = 2\pi ft$,在式(1-12)中,可将等式的左右同除以 2π,则有 $\varphi = ft$。

根据简谐波的物理特性,上述的载波相位观测量 $\Phi_i^j(t_i)$ 可以看成整周部分 $N_i^j(t_i)$ 和不足一周的小数部分 $\delta\varphi_i^j(t_i)$ 之和,即有:

$$\Phi_i^j(t_i) = N_i^j(t_i) + \delta\varphi_i^j(t_i) \tag{1-13}$$

实际上,在进行载波相位测量时,接收机只能测定不足一周的小数部分 $\delta\varphi_i^j(t_i)$ 。因为载波信号是一单纯的正弦波,不带有任何标志,所以我们无法确定正在量测的是第几个整周的小数部分,于是便出现了一个整周未知数 $N_i^j(t_i)$,或称整周模糊度。如何快速而正确的求解整周模糊度是 GPS 测相伪距观测中要研究的一个关键问题。

当锁定(跟踪)到卫星信号后,在初始观测历元 t_0,有:

$$\Phi_i^j(t_0) = N_i^j(t_0) + \delta\varphi_i^j(t_0) \tag{1-14}$$

卫星信号在历元 t_0 被跟踪后,载波相位变化的整周数便被接收机自动计数。所以,对其后的任一历元的总相位变化,可用下式表达:

$$\Phi_i^j(t_i) = N_i^j(t_0) + N_i^j(t_i - t_0) + \delta\varphi_i^j(t_i) \tag{1-15}$$

式中　$N_i^j(t_0)$——初始历元的整周未知数,在卫星信号被锁定后就确定不变,是一个未知常数,是通常意义上所说的整周待定值(整周未知数);

$N_i^j(t_i-t_0)$——从初始历元 t_0 到后续观测历元 t_i 之间载波相位变化的整周数,可由接收机自动连续计数来确定,是一个已知量,又叫整周计数;

$\delta\varphi_i^j(t_i)$——后续观测历元 t_i 时刻不足一周的小数部分相位,可测定,是观测量。

上述载波相位观测量的几何意义见图 1-14。

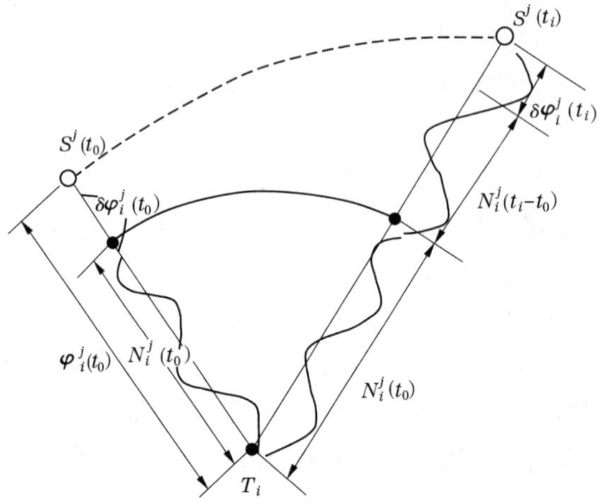

图 1-14　载波相位观测量

若取

$$\varphi_i^j(t_i) = N_i^j(t_i - t_0) + \delta\varphi_i^j(t_i) \tag{1-16}$$

则 $\varphi_i^j(t_i)$ 是载波相位的实际观测量,即用户 GPS 接收机相位观测输出值。

因此,式(1-15)可写为

$$\Phi_i^j(t_i) = N_i^j(t_0) + \varphi_i^j(t_i) \tag{1-17}$$

设载波信号的波长为 λ,则卫星到测站点的几何距离为:

$$\rho_i^j(t_i) = \lambda\Phi_i^j(t_i) \tag{1-18}$$

(二)整周模糊度与周跳

1. 整周模糊度的确定

测相伪距测量中,初始整周未知数的确定是一个关键问题,只要确定了整周未知数,则测相伪距方程就和测码伪距方程一样了,如何准确而快速地解算整周未知数对提高定位精度和效率、缩短定位时间有着重要的意义。

目前,解算整周模糊度的方法有多种,如按解算所需时间的长短可分为经典静态相对定位法和快速解算法。经典静态相对定位法,即将整模糊度作为待定量与其他未知参数在平差计算中一并求解。为了提高解的可靠性,所需观测时间较长。快速解算法,主要包括交换天线法、P 码双频技术、滤波法和模糊函数法,时间只需几分钟。

整周未知数解算常用的方法有:

(1)伪距法。

(2)待定参数估计法:把整周模糊度当作平差计算中的待定参数来加以估计和确定。

根据基线的长度不同，一般可采用整数解和浮点解两种方法。整数解适用于短基线，由这种整周未知数的整数解获得的待定点坐标估值也称为固定解。实数解适用于基线较长的静态相对定位，由实数整周未知数获得的待定点坐标估值称为浮动解。

(3)三差法(多普勒法)。

(4)走走停停法(go and stop)：适用于动态测量。

(5)两次设站法(往返式重复设站)。

(6)快速整周模糊度搜索法。

(7)滤波法：该方法在快速静态相对定位中获得了广泛应用。

(8)动态确定整周模糊度法 AROF(ambiguity resolution on the fly)：该方法被应用于 RTK 技术。

2. 周跳的探测与修复

完整的载波相位是由初始整周模糊度、计数器记录的整周数和接收机基频信号与接到卫星信号的小于一周部分相位差构成。卫星在观测中失锁后，造成接收机载波整周计数误差，这种现象称为周跳。当重新捕获卫星后，周跳给计数器造成的偏差即为中断期间丢失的整周数，小周跳可以通过检测方法发现后并加以修复，大的周跳或较长时间的失锁，周跳不易修复，需要重新固定整周模糊度。周跳的探测及修复对于用载波相位精密定位至关重要，成功的修复才能获得高精度的结果。

(1)周跳产生的原因：卫星信号暂时阻断；仪器线路暂时故障；外界环境的突变干扰，如电离层、动态变化等。

(2)检测周跳的主要方法：屏幕扫描法；高次差或多项式拟合法；卫星间求差；平差后残差分析。

探测和修复周跳的方法很多，究竟采用何种方法要根据具体情况而定。如双频观测值利用电离层延迟来寻找和修复周跳也很简便有效。在开始时可采用较简便精度不高的方法，旨在发现和修复大周跳。然后采用精度较高的公式来寻找并修复小周跳，并通过残差来加以检验。

第三节 定位方法

一、卫星定位方法分类

利用 GNSS 进行定位的方法有很多种，可按不同的分类标准进行分类。

(一)按照参考点位置不同分类

(1)绝对定位。在协议地球坐标系中，利用一台接收机来测定该点相对于协议地球质心的位置，也叫单点定位。这里可认为参考点与协议地球质心相重合。GPS 定位所采用的协议地球坐标系为 WGS-84 坐标系。因此，绝对定位的坐标最初成果为 WGS-84 坐标。

(2)相对定位。在协议地球坐标系中，利用两台以上的接收机测定观测点至某一地面参考点之间的相对位置。也就是测定地面参考点到未知点的坐标增量。由于星历误差和大气折射误差有相关性，所以通过观测量求差可消除这些误差，因此相对定位的精度远高于绝对定位的精度。

(二)按用户接收机在作业中的运动状态不同分类

(1)静态定位。在定位过程中,将接收机安置在测站点上固定不动。严格说来,这种静止状态只是相对的,通常指接收机相对与其周围点位没有发生变化。

(2)动态定位。在定位过程中,接收机处于运动状态。

GNSS 绝对定位和相对定位中,又都包含静态和动态两种方式。即动态绝对定位、静态绝对定位、动态相对定位和静态相对定位。

若依照测距的原理不同,又可分为测码伪距法定位、测相伪距法定位、差分定位等。

二、绝对定位

绝对定位又叫单点定位,即以 GNSS 卫星和用户接收机之间的距离观测值为基础,并根据卫星星历确定的卫星瞬时坐标,直接确定用户接收机天线在 WGS-84 坐标系(如采用 GPS 定位)中相对于坐标原点(地球质心)的绝对位置。

根据用户接收机天线所处状态不同,绝对定位又可分为静态绝对定位和动态绝对定位。

(一)静态绝对定位

接收机天线处于静止状态下,确定观测站坐标的方法,称为静态绝对定位。这时,接收机可以连续地在不同历元同步观测不同的卫星,测定卫星至观测站的伪距,获得充分的观测量,通过测后数据处理求得测站的绝对坐标。根据测定的伪距观测量的性质不同,静态绝对定位又可分为测码伪距静态绝对定位和测相伪距静态绝对定位。测相伪距静态绝对定位,主要用于大地测量中的单点定位工作,或者为相对定位的基准站提供较为精密的初始坐标值。

(二)动态绝对定位

将 GNSS 用户接收机安装在载体上,并处于动态情况下,确定载体的瞬时绝对位置的定位方法,称为动态绝对定位。一般动态绝对定位只能获得很少或者没有多余观测量的实数解,因而定位精度不是很高,被广泛应用于飞机、船舶、陆地车辆等运动载体的导航。

根据观测量的性质分,可以分为测码伪距动态绝对定位和测相伪距动态绝对定位。

测码伪距动态绝对定位时,由于测站是运动的,所以获得的观测量很少,但为了获得实时定位结果,必须至少同步观测 4 颗卫星。采用测相伪距动态绝对定位时,载体上的用户接收机在运动之前应该初始化,而且运动过程中不能发生信号失锁,否则就无法实现实时定位。然而载体在运动过程中,要始终保持对所观测卫星的连续跟踪,目前在技术上尚有一定困难,一旦发生周跳,则须在动态条件下重新初始化。因此,在实时动态绝对定位中,寻找快速确定动态整周模糊度的方法是非常关键的问题。

(三)绝对定位精度评价

单点定位的定位精度除与观测量的精度 σ_0 有关外,还取决于观测矢量的方向余弦所构成的权系数阵 Q_Z,即在地面点一定的情况下,与所观测的卫星的空间几何分布有关。因此,在 GNSS 观测时,应对观测卫星进行选择。

为了评价定位的结果,除可应用上述方法来估算每个未知参数解的精度外,在导航学中,一般采用精度衰减因子 DOP 来评价实时定位的精度。位置解的精度 m_x 由下式定义:

$$m_x = \sigma_0 DOP \tag{1-19}$$

式中　σ_0——伪距测量中误差。

在实际应用中,可以采用不同的几何精度评价模型和相应的精度衰减因子,通常有:

(1)平面位置精度衰减因子 *HDOP*:

$$HDOP = \sqrt{(q_{11} + q_{22})}$$

相应的平面位置精度为:

$$m_H = \sigma_0 HDOP \tag{1-20}$$

(2)高程精度衰减因子 *VDOP*:

$$VDOP = \sqrt{(q_{33})}$$

相应的高程精度为:

$$m_V = \sigma_0 VDOP \tag{1-21}$$

(3)空间位置精度衰减因子 *PDOP*:

$$PDOP = \sqrt{(q_{11} + q_{22} + q_{33})}$$

相应的空间位置精度为:

$$m_P = \sigma_0 PDOP \tag{1-22}$$

(4)接收机钟差精度衰减因子 *TDOP*:

$$TDOP = \sqrt{(q_{44})}$$

相应的钟差精度为:

$$m_T = \sigma_0 TDOP \tag{1-23}$$

(5)几何精度衰减因子 *GDOP*:描述空间位置误差和时间误差综合影响的精度衰减因子。

$$GDOP = \sqrt{(q_{11} + q_{22} + q_{33} + q_{44})} = \sqrt{(PDOP)^2 + (TDOP)^2}$$

相应的中误差为:

$$m_G = \sigma_0 GDOP \tag{1-24}$$

由绝对定位精度评定公式可知:*DOP* 是权系数阵 Q_Z 的主对角线元素的函数。因此,*DOP* 的数值与所测卫星的几何分布图形有关。

假设观测站与 4 颗观测卫星所构成的六面体体积为 *V*,经过分析表明,精度衰减因子 *GDOP* 与该六面体的体积 *V* 的倒数成正比,即

$$GDOP \propto \frac{1}{V} \tag{1-25}$$

一般说来,六面体的体积越大,所测卫星的空间分布范围就越大,*GDOP* 值就越小;反之,六面体的体积越小,所测卫星的分布范围就越小,则 *GDOP* 值就越大。但是在实际观测中,为了减弱大气折射的影响,卫星高度角不能过低,所以必须在这一条件下,尽可能使所测卫星与测站所构成的六面体的体积接近最大。

三、相对定位

绝对定位由于卫星星历误差、接收机钟与卫星钟同步差、大气折射误差等各种误差的影响,导致其定位精度较低。为了进一步消除或减弱各种误差的影响,提高定位精度,一般采用相对定位法。

相对定位法是指用两台或两台以上的 GNSS 接收机,分别安置在基线的两端,同步观测

相同的卫星，通过两测站同步采集卫星观测数据，经过数据处理以确定基线两端点的相对位置或基线向量(见图 1-15)。相对定位中，需要多个测站中至少一个测站的坐标值作为基准，利用观测出的基线向量，去求解出其他各站点的坐标值。

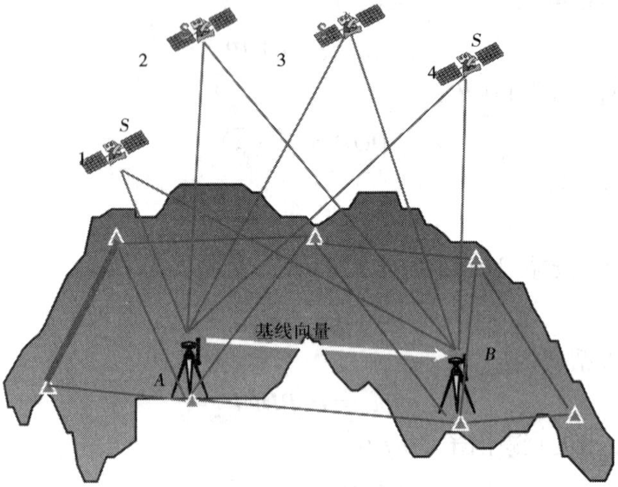

图 1-15 相对定位

在相对定位中，两个或多个观测站同步观测同组卫星的情况下，卫星的轨道误差、卫星钟差、接收机钟差及大气层延迟误差，对观测量的影响具有一定的相关性。利用这些观测量的不同组合，按照测站、卫星、历元三种要素来求差，可以大大削弱有关误差的影响，从而提高相对定位精度。

根据定位过程中接收机所处的状态不同，相对定位可分为静态相对定位和动态相对定位(或称差分 GNSS 定位)。

(一)静态相对定位

安置在基线两端点的接收机相对于周围的参照物固定不动，通过连续观测获得充分的多余观测数据，解算基线向量，称为静态相对定位。

该方法一般采用测相伪距观测值作为基本观测量，测量时，如何快速而精确地确定整周未知数是关键，为了可靠地确定载波相位的整周未知数，一般需要较长的观测时间。在整周未知数确定的情况下，随着观测时间的延长，相对定位的精度不会显著提高。

静态相对测量除采用测相伪距作为基本观测量外，数据处理时还在不同测站、卫星及历元间采用载波相位观测量的线性组合，常见的有单差、双差及三差观测值。

假设安置在基线端点的 GNSS 接收机 $T_i(i=1,2)$，相对于卫星 S^j 和 S^k，于历元 $t_i(i=1,2)$ 进行同步观测(见图 1-16)，则载波相位观测量如下：$\varphi_1^j(t_1)$，$\varphi_1^j(t_2)$，$\varphi_1^k(t_1)$，$\varphi_1^k(t_2)$，$\varphi_2^j(t_1)$，$\varphi_2^j(t_2)$，$\varphi_2^k(t_1)$，$\varphi_2^k(t_2)$。

在静态相对定位中，利用载波相位观测量的不同组合求差进行相对定位，可以有效地消除观测量中包含的相关误差，提高相对定位精度。常见求差方式有单差、双差、三差。

(1)单差(Single-Difference)：不同观测站同步观测同一颗卫星所得观测量之差。

$$\Delta\varphi^j = \varphi_2^j(t) - \varphi_1^j(t) \tag{1-26}$$

单差组合可以消除卫星钟差影响。同时由于两测站相距较近(小于 100 km)，同一卫星

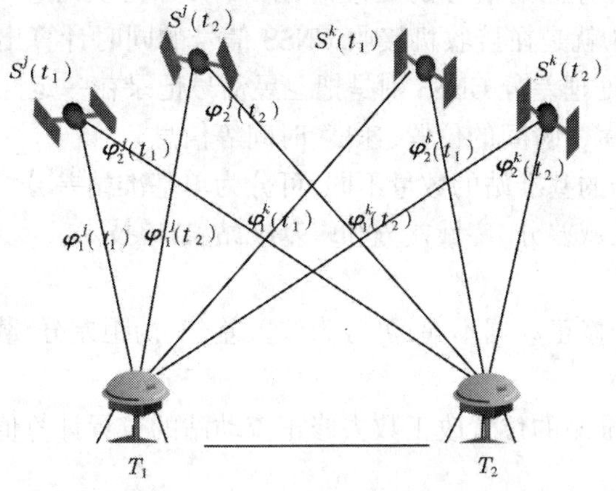

图 1-16　相对定位观测量

到两个测站的传播路径上的电离层、对流层延迟误差相近，取单差可进一步明显地减弱大气延迟的影响。

（2）双差（Double-Difference）：不同观测站同步观测同组卫星所得的观测量单差之差。

$$\begin{aligned}\nabla\Delta\varphi^k(t) &= \Delta\varphi^k(t) - \Delta\varphi^j(t)\\ &= [\varphi_2^k(t) - \varphi_1^k(t)] - [\varphi_2^j(t) - \varphi_1^j(t)]\end{aligned} \tag{1-27}$$

双差组合可将接收机的钟差影响完全消除，大气折射残差取二次差可以略去不计。这是双差模型的突出优点。

（3）三差（Triple-Difference）：不同历元同步观测同组卫星所得的观测量双差之差。

$$\begin{aligned}\delta\nabla\Delta\varphi^k(t) &= \nabla\Delta\varphi^k(t_2) - \nabla\Delta\varphi^k(t_1)\\ &= [\Delta\varphi^k(t_2) - \Delta\varphi^j(t_2)] - [\Delta\varphi^k(t_1) - \Delta\varphi^j(t_1)]\\ &= \{[\varphi_2^k(t_2) - \varphi_1^k(t_2)] - [\varphi_2^j(t_2) - \varphi_1^j(t_2)]\} - \{[\varphi_2^k(t_1) - \varphi_1^k(t_1)] - [\varphi_2^j(t_1) - \varphi_1^j(t_1)]\}\end{aligned} \tag{1-28}$$

三差模型可进一步消除整周模糊度的影响。

（二）动态相对定位

动态相对定位，是将一台接收机安置在一个固定的观测站不动，基准站在协议地球坐标系中的坐标是已知的。另一台接收机安装在运动的载体上，载体在运动过程中，GNSS 接收机与基准站接收机同步观测 GNSS 卫星，并实时确定载体在每个观测历元的瞬时位置。

在动态相对定位过程中，由基准站接收机通过数据链发送修正数据，用户站接收该修正数据并对测量结果进行改正处理，以获得精确的定位结果。由于用户接收基准站的修正数据，对用户站观测量进行改正，这种数据处理本质上是求差处理（差分），以达到消除或减少相关误差的影响，提高定位精度，因此动态相对定位通常又称为差分 GNSS 定位。

动态相对定位存在着三部分误差：一部分是对每一个用户接收机所公有的，包括卫星钟误差、星历误差、电离层误差、对流层误差等；第二部分为不能由用户测量或由校正模型来计算的传播延迟误差；第三部分为各用户接收机所固有的误差，包括内部噪声、通道延迟、多路径效应等。利用差分技术，第一部分误差完全可以消除，第二部分误差大部分可以消除，其主要取决于基准接收机和用户接收机的距离，第三部分误差则无法消除。

动态相对定位按照对卫星信号的处理时间不同,分为实时差分 GNSS 和后处理差分 GNSS。实时差分 GNSS 就是在接收机接收 GNSS 信号的同时计算出当前接收机所处位置、速度及时间等信息;后处理差分 GNSS 则是把卫星信号记录在一定介质上,事后进行数据处理,获取用户接收机在每个瞬间的位置、速度、时间等信息。

按照提供修正数据的基准站的数量不同,可分为单基准站差分、多基准站差分。而多基准站差分又包括局部区域差分、广域差分和多基准站 RTK 技术。

1. 单基准站差分

根据基准站发送的修正数据不同,可分为位置差分、伪距差分、载波相位差分。

1)位置差分

基本原理:使用基准站的位置改正数去修正流动站的位置计算值,以求得比较精确的流动站位置坐标。

位置差分计算简单,只需在解算的坐标中加进改正数即可,对接收机要求不高,适用于各种型号的接收机。但位置差分要求流动站用户接收机和基准站接收机能同时观测同一组卫星,这样就限制了流动站的作业距离。

2)伪距差分

基本原理:利用基准站的伪距改正数,传送给流动站用户,去修正流动站的伪距观测量,从而消除或减弱公共误差的影响,以求得比较精确的流动站位置坐标。

伪距差分时,只需要基准站提供所有卫星的伪距改正数,而用户接收机观测任意 4 颗卫星,就可以完成定位。与位置差分相似,伪距差分能将两测站的公共误差抵消,但随着用户到基准站距离的增加,系统误差又将增大,这种误差用任何差分法都无法消除,因此伪距差分的基线长度也不宜过长。

3)载波相位差分

位置差分和伪距差分能满足米级定位精度,广泛用于导航等领域。为了获取厘米级的精度,需要采用载波相位差分,又称 RTK 技术,通过对两测站的载波相位观测值进行实时处理,可以实时提供厘米级精度的三维坐标。

基本原理:由基准站通过数据链实时地将其载波相位观测量及基准站坐标信息一同发送到用户站,并与用户站的载波相位观测量进行差分处理,适时地给出用户站的精确坐标。

载波相位差分定位的方法又可分测相伪距修正法与载波相位求差法。

(1)测相伪距修正法。

基本思想:基准站接收机与卫星之间的测相伪距改正数在基准站解算出,并通过数据链发送给流动站用户接收机,并利用此伪距改正数去修正用户接收机到观测卫星之间的测相伪距,获得比较精确的用户站至卫星的伪距,再采用它计算用户站的位置。

该方法的关键是如何快速求解整周模糊度,常用的方法有 FARA 法、消去法等,使 RTK 技术在精密导航定位中有了广泛的应用。

(2)载波相位求差法。

基本思想:基准站不再计算测相伪距修正数,而是将其观测的载波相位观测值由数据链实时发送给用户站接收机,然后由用户机进行载波相位求差,再解算出用户的位置。

采用该方法的 RTK 定位过程为:用户接收机静态观测若干历元,并接收基准站发送的载波相位观测量,采用静态观测程序,求出整周模糊度,并确认此整周模糊度正确无误。这一过程称为初始化。将确认的整周模糊度代入双差方程。由于基准站的位置坐标是精确测定的已知值,两颗卫星的位置坐标可由星历参数计算出来,故双差方程中只包含用户在协议地球系中的位置坐标作为未知数,此时可利用观测到的卫星进行求解。

由上可知,测相伪距修正法与伪距差分法原理相同,是准 RTK 技术;载波相位求差法,通过对观测方程进行求差来解算用户站的实时位置,才是真正的 RTK 技术。

(3)RTK 测量技术。

RTK 实时相对定位原理(见图 1-17):基准站把接收到的所有卫星信息(包括伪距和载波相位观测值)和基准站的一些信息(如基站坐标天线高等)都通过无线电通信系统传递到流动站,流动站在接收卫星数据的同时也接收基准站传递的卫星数据。在流动站完成初始化后,把接收到的基准站信息传送到控制器内并将基准站的载波观测信号与本身接收到的载波观测信号进行差分处理,即可实时求得未知点的坐标。数据流程如图 1-18 所示。

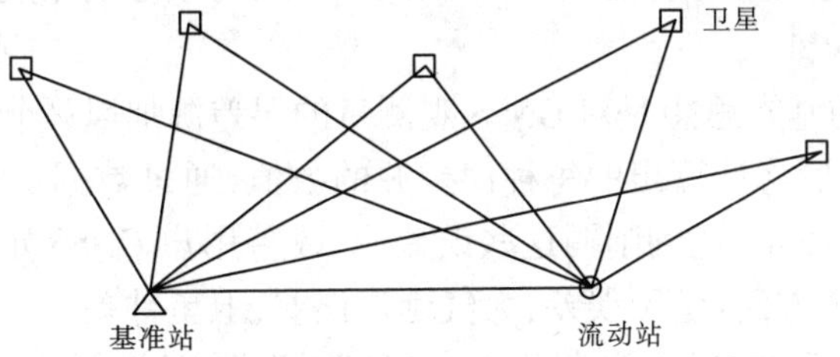

图 1-17 RTK 实时动态相对定位

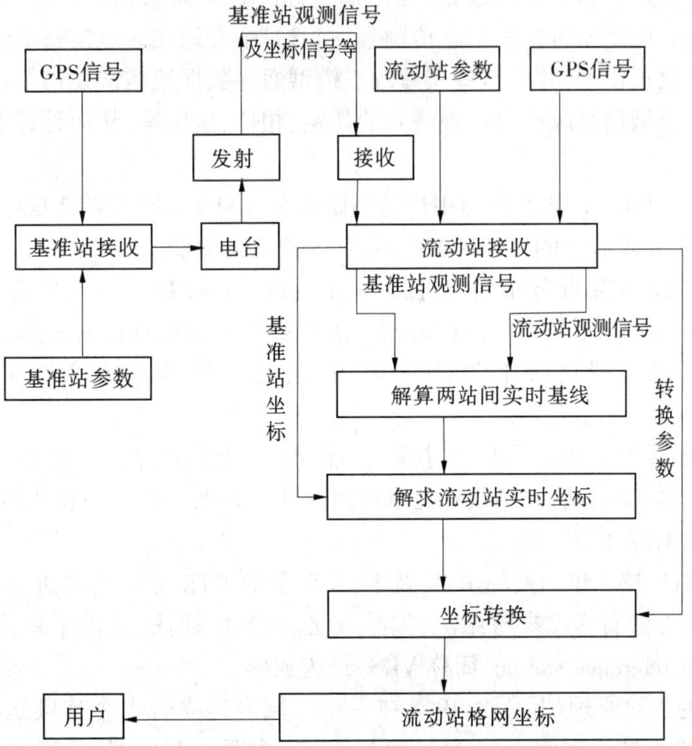

图 1-18 RTK 数据流程

上述单基准站差分系统及算法简单,技术较为成熟,主要适用于小范围的差分定位工作。对于较大范围的区域,则应用局部区域差分技术,对于一国或几个国家范围的广大区域,应用广域差分技术。

2. 多基准站差分

1)局部区域差分

在局部区域中应用差分 GNSS 技术,应该在区域中布设一个差分 GNSS 网,该网由若干个差分 GNSS 基准站组成,通常还包含一个或数个监控站。位于该局部区域中的用户,接收多个基准站所提供的修正信息,采用加权平均法或最小方差法进行平差计算求得自己的修正数,从而对用户的观测结果进行休整,获得更高精度的定位结果。这种差分 GNSS 定位系统称为局域差分 GNSS 系统,简称 LADGNSS。

LADGNSS 系统构成包括多个基准站,每个基准站与用户之间均有无线电数据通信链。用户站与基准站之间的距离一般在 500 km 以内才能获得较好的精度。

2)广域差分

广域差分 GNSS 的基本思想是对 GNSS 观测量的误差源加以区分,并单独对每一种误差源分别加以模型化,然后将计算出的每种误差源的数值,通过数据链传输给用户,以对用户 GNSS 定位的误差加以改正,达到削弱这些误差源,改善用户 GNSS 定位精度的目的。GNSS 误差源主要表现在三个方面:星历误差,大气延迟误差,卫星钟差。

广域差分 GNSS 系统就是为削弱这三种误差源而设计的一种工程系统,简称 WADGNSS。该系统的一般构成包括:一个中心站,几个监测站及其相应的数据通信网络,覆盖范围内的若干用户。其工作原理是:在已知坐标的若干监测站上跟踪观测 GNSS 卫星的伪距、相位等信息,监测站将这些信息传输到中心站;中心站在区域精密定轨计算的基础上,计算出三项误差改正模型,并将这些误差改正模型通过数据通信链发送给用户站;用户站利用这些误差改正模型信息改正自己观测到的伪距、相位、星历等,从而计算出高精度的 GNSS 定位结果。

WADGNSS 将中心站、基准站与用户站间距离从 100 km 增加到 2 000 km,且定位精度无明显下降;对于大区域内的 WADGNSS 网,需要建立的监测站很少,具有较大的经济效益;WADGNSS 系统的定位精度分布均匀,且定位精度较 LADGNSS 高;其覆盖区域可以扩展到远洋、沙漠等 LADGNSS 不易作用的区域;WADGNSS 使用的硬件设备及通信工具昂贵,软件技术复杂,运行维持费用较 LADGNSS 高得多,且可靠性和安全性可能不如单个的 LADGNSS。

目前,我国已经初步建立了北京、拉萨、乌鲁木齐、上海四个永久性的 GNSS 监测站,还计划增设武汉、哈尔滨两站,并拟定在北京或武汉建立数据处理中心和数据通信中心。

3)多基准站 RTK 技术

多基准站 RTK 技术也叫网络 RTK 技术,是对普通 RTK 方法的改进。目前应用于网络 RTK 数据处理的方法有虚拟参考站法、偏导数法、线性内插法、条件平差法,其中虚拟参考站法技术(virtual reference station,简称 VRS)最为成熟。

VRS RTK 的工作原理(见图 1-19):在一个区域内建立若干个连续运行的 GNSS 基准站,根据这些基准站的观测值,建立区域内的 GNSS 主要误差模型(电离层、对流层、卫星轨道等误差)。系统运行时,将这些误差从基准站的观测值中减去,形成“无误差”的观测值,然后利用这些无误差的观测值和用户站的观测值,经有效的组合,在移动站附近(几米到几十米)建立起一个虚拟参考站,移动站与虚拟参考站进行载波相位差分改正,实现实时 RTK。

由于其差分改正是经过多个基准站观测资料有效组合求出的,可以有效地消除电离层、对流层和卫星轨道等误差,哪怕用户站远离基准站,也能很快地确定自己的整周模糊度,实现厘米级的实时快速定位。

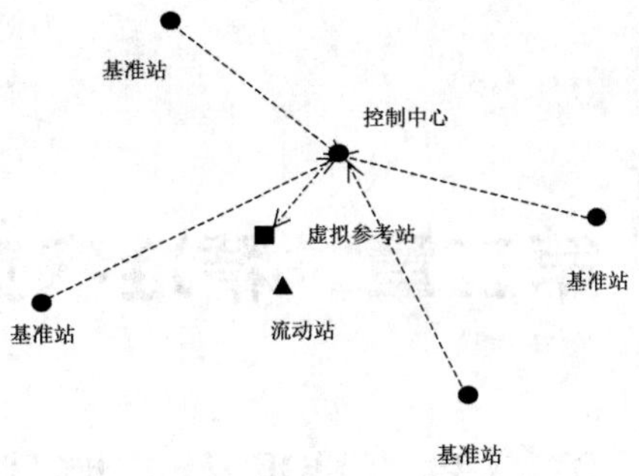

图 1-19 VRS RTK 工作原理

多基准站 RTK 系统基本构成:若干个连续运行的 GNSS 基准站、计算中心、数据发布中心、用户站。连续运行的 GNSS 基准站连续进行 GNSS 观测,并实时将观测值传输至计算中心。计算中心根据这些观测值计算区域电离层、对流层、卫星轨道误差改正模型,并实时地将各基准站的观测值减去其误差改正,得到无误差观测值,再结合移动站的观测值,计算出在移动站附近的虚拟参考站的相位差分改正,并实时地传给数据发布中心。数据发布中心实时接收计算中心的相位差分改正信息,并实时发布。用户站接收到数据发布中心发布的相位差分改正信息,结合自身 GNSS 观测值,组成双差相位观测值,快速确定整周模糊度参数和位置信息,完成实时定位。因此,VRS RTK 系统是集 Internet 技术、无线电通信技术、计算机网络管理和 GNSS 定位技术于一身的系统。

VRS RTK 的出现将一个地区的测绘所有的工作连成了一个有机的整体,结束了以前 GNSS 作业单打独斗的局面,大大扩展了 RTK 的作业范围,使 GNSS 的应用更为广泛,精度和可靠性进一步提高,建设成本反而大大降低。

第二章 精准农业

第一节 精准农业概述

一、传统农业

(一)农业的含义

农业是通过利用动植物的生长发育规律来培育动植物、生产食品及工业原料的产业。农业是支撑国民经济建设与发展的基础产业,是我国的第一产业。农业分布范围十分辽阔,地球表面除两极和沙漠外,几乎都可用于农业生产。在近 1.31 亿 km^2 的实际陆地面积上,约 11%是可耕地和多年生作物地,24%是草原和牧场,31%是森林和林地。而海洋和内陆水域则是水产业生产的场所。

(二)传统农业的含义

传统农业是指在自然经济条件下,采用人力、畜力、手工工具、铁器等为主的手工劳动方式,靠世代积累下来的传统经验,以自给自足的自然经济居主导地位的农业。传统农业具有低能耗、低污染等特征。我国地大物博,人口众多,耕地面积较少,造成了历史上粮食生产占据农业的主导地位,传统意义上五谷杂粮的种植几乎成为农业的代名词,因此种植业成了我们常说的狭义农业。在世界范围内,农业自然资源分布的不平衡导致农业包含多种产业形式,如种植业、林业、畜牧业和水产业等。

二、精准农业的概念

精准农业(precision agriculture,PA)首先由美国农业工作者于 20 世纪 90 年代倡导并实施(彭望禄,2001)。在国外,与 Precision Agriculture 意义相近的词有 Precision Farming、Site-specific Agriculture farming、Site-specific Crop Management、Prescription Farming 等。相应地,国内也有不同译法,如精确农业、精细农业、精准农业、精细农作、定位农业、农作物定位管理和处方农作等,其内涵都是一致的。

精准农业,通俗地讲就是综合应用现代高新科技,以获得农田高产、优质、高效的现代化农业生产模式和技术体系。具体说就是利用遥感(RS)、卫星定位系统(GNSS)等技术实时获取农田每一平方米或几平方米为一个小区的作物生产环境、生长状况和空间变异的大量时空变化信息,及时对农业进行管理,并对作物苗情、病虫害、墒情的发生趋势,进行分析、模拟,为资源有效利用提供必要的空间信息。在获取上述信息的基础上,利用智能化专家系统、决策支持系统,按每一地块的具体情况做出决策,准确地进行灌溉、施肥、喷洒农药等。因此,有人把精准农业称为"farming by the inch"(寸土寸耕)。

(一)精准农业的特征

在经历了原始农业、传统农业、工业化农业(石油农业或机械化农业)后,农业进入了以知识高度密集为主要特点的现代知识农业发展阶段。精准农业将现代信息技术、生物技术和工程装备技术应用于农业生产,已经成为现代知识农业的重要生产形式。与传统农业模式相比,精准农业更讲究精细化管理,通过精心计算出所需要的肥料、水分、农药等用量,就可以极大地节约各种原料的投入,大大降低生产成本,提高土地的收益率,同时十分有利于环境保护。具体来说,精准农业以小块农田为单位进行生产管理和区别对待,每个小田块播种、施肥、灌溉、喷药的策略都不同,以达到优化资源投入、高产高效、减少化肥投入、降低环境污染等目的。精准农业技术的应用非常广泛,如根据土壤的需要使肥力的状况得到改善,根据病虫害的情况来调节农药喷洒量,根据干旱情况及时灌溉,自动调节拖拉机的耕种深度,及时改善土壤,防止土地的板结和肥力下降等。

通俗地说,精准农业的理念就是需要多少给多少,需要什么给什么。精准农业的具体含义就是按照农业操作每一单元的具体条件,精细准确地调整各项农业管理措施,在每一生产环节最大限度地优化各项农业投入,以获取最大经济效益和环境效益。将智能农业信息技术和设备运用到农业生产当中,减轻体力劳动的压力,加大农业生产的产量和收入,这就是精准农业的一种典型应用。精准农业使农业生产由粗放型转向集约型,其重要特征是使各种原料的使用量非常准确,经营可以像工业流程一样连续地进行,从而实现规模化经营。

(二)引例

1. 传统农业的特点

假设老李家在湖南某村承包300亩(1亩=1/15 hm^2)地,用来种植大棚西瓜,每年夏季采摘,经济效益相当不错。但是为了节约成本,老李除采摘季节让人帮忙外,其他的农活都自己来干,每次为西瓜浇水、施肥、喷农药花费了老李大量的精力和时间,每次干完,老李和老伴累得腰酸背痛。这就是传统农业生产方式。传统农业的特点是精耕细作,生产规模较小,经营管理和生产技术比较落后,抗御自然灾害能力差,农业生态系统功效低,商品经济较薄弱,基本上没有形成生产地域分工。

2. 精准农业的特点

老李的儿子小李从农业大学毕业后回来帮助老李管理大棚,利用在学校学习的农业信息知识,购买了测量大棚温度、湿度等数据的传感器,智能灌溉施肥和喷药设备,给自家大棚安装上先进的信息设备用于大棚自动浇水、施肥和喷洒农药,将老李老两口从繁重的体力活中解放出来。如今,老李不需要顶着太阳去闷热、潮湿的大棚里给西瓜浇水,也不需要钻进密不透风的大棚中给西瓜喷药,只需通过电脑终端的数据显示,按照西瓜的种植经验,定时在灌溉用水当中加入适量的农药,就可以完成杀虫的任务。老李的大棚不但节省了人力成本、水资源、化肥和农药用量,而且提高了产量。除大棚用的温室控制设备外,在大田里面经常用的机械还包括精准除草机、变量施肥机、变量喷药机和变量收割机等机械。

三、精准农业的基础理论

精准农业首先是农业,但不是传统农业,而是现代农业和高科技农业。因此,精准农业的基础理论也由以下三部分组成。

(1)农业与农业生态理论。农业与农业生态理论是精准农业的理论基础,现代农业或高科技农业必须符合农业与农业生态理论,农业的机械化、自动化和信息化都要遵循农业与农业生态理论才能发生作用和产生很好效果。农业与农业生态理论已有专业书籍介绍,主要包括农作物生理、遗传与育种、分子生物理论、营养与生长、农作物生态与环境等。任何先进的农业技术,都要遵循上述理论,不违背上述理论才能发挥有效作用。

(2)农业工程技术理论。包括农业系统工程理论和农业信息工程理论在内,农业系统工程不仅是农业种植、农业耕作技术的理论基础,而且是农业机械化、自动化等工程的理论基础。农业技术与农业工程是一个多种多样的复杂系统,它需要按照系统工程理论进行优化组合,才能达到很好的效果。农业信息工程包括基础工程、农业信息化工程、自动化工程、控制工程及电脑农业等。信息流是物质流和能量流的决定因素,物质流和能量流以信息流作为导向,信息流是基础。

(3)农业经济与农业管理理论。精准农业要达到较好的经济效益,必须遵循农业经济与农业管理理论。农业经济包括投入产出比、成本、经济效益、社会效益和生态效益核算、农产品市场预测、特种农业与农产品深加工等。农业管理包括资金与财务管理、人力资源管理、土地资源管理、农业机械资源管理、农业耕作管理、农产品及其经营管理等。精准农业是属于高度科学管理的农业。对于农业生产来说,普遍存在着小尺度空间分布不均一现象,例如在同一块农田中,存在着地形高低、土壤湿度、土壤营养与病虫害的空间分布不均匀现象。若采用均一的灌溉、施肥、喷药投入,势必造成有的小区不能满足需要,而更多的小区则不仅造成浪费,还会引起土壤和河川的环境污染。所以,必须因地制宜,根据需要,按小尺度地块进行分别灌溉、施肥、喷农药,需要多少,施用多少,达到整个农田内农作物的均衡生长。这样也才能实现精准农业"既要节约资源、减少地球负荷,又要增产增收"的目的。

精准农业的战略目标是:实现提高经济效益和保护生态环境的协调统一,遵循可持续发展原则,达到减少资源浪费、减轻环境污染、提高土地利用效率、降低农业生产成本等目的。为了要实现上述战略目标,应实现"寸土寸耕"的原则,即充分利用每一寸土地、每一粒种子、每一滴水、每一克肥料和农药的效力,以达到丰产和丰收的目的。要求做到人尽其才、物尽其用,充分发挥人财物的效益,减少浪费,更不能造成破坏生态环境的后果。

第二节　精准农业的发展历史

精准农业的兴起有两个主要背景(吴才聪,2002):一是可持续农业为世人所接受;二是全球定位系统、遥感、地理信息系统、人工智能等高新技术的产生或民用化。前者导致人们发展农业的观念发生转变,后者使得这种观念转变成为可能。

精准农业既不同于日本等国在20世纪50~60年代的"农业园艺化",也不同于发达国家在60~70年代提出的"生态农业"和"绿色革命",以及以色列的"农业工厂化"。它是以大田耕作为基础,以先进高技术为支撑的集约化和信息化的农业技术系统,是指从耕地、播种、灌溉、施肥、中耕、田间管理、植物保护、产量预测到收获、保存、管理的全部过程实现数字化、网络化和智能化,全部应用遥感、遥测、遥控、计算机等先进技术,以实现农业生产的信息驱动、科学经营、知识管理、合理作业、促进以农业增产为目的,使每一平方米的土地得到最优化使用的高技术系统。

一、国外研究

美国是精准农业的发起者,在20世纪80年代末,美国和加拿大提出精准农业的概念和构想,90年代初开始将精准农业逐步应用于生产。1992年4月,在美国召开的第一次精准农业学术研讨会后,精准农业的概念开始走向全球。1993~1994年,美国在明尼苏达农场进行了精准农业技术的试验,采用GPS指导施肥,和传统的平衡施肥方法相比,作物的产量提高了30%。1994年,美国精准农业作业面积是41万 hm^2($1\ hm^2 = 10\ 000\ m^2$),而到了1998年,美国的精准农业作业面积已经超过了1 000 hm^2。1995年开始,美国5%的作物开始不同程度地使用了精准农业技术。到了1998年,美国的精准农业商业调查显示,他们77%的用户都已经使用了精准农业技术。美国和欧洲等相关国家就精准农业的使用经验每年都召开专门的会议进行探讨。到了1999年,仅占美国3% 的劳动力利用精准农业技术生产了供全美国人口消费的食品,同时生产出占美国出口总额20%的农产品。在美国和欧洲的带动下,以色列大力发展节水灌溉和定量施肥的精准农业技术,根据作物生长阶段气候条件等因素,定时、定量、定位供水,将用水量从1960年的8 700 m^3/hm^2 减少到现在的5 250 m^3/hm^2,水肥的利用率达到了90%。近年来,美国、欧洲、日本、以色列等国家和地区的精准农业技术发展迅猛,在配方施肥、精细播种、病虫害防治、草清除、智能收割到水分管理等不同领域都有具体的应用。例如,荷兰的无土栽培切花生产、日本的水培蔬菜生产、美国的生菜生产线、欧盟和北美的牛场自动管理基本都已经实现了精准化的信息管理。

(一)美国

20世纪80年代,美国农场面临过度依赖化肥农药提高单产,导致土地退化、环境污染等问题,Johnson等农学家发现,即使在农田小区域内,不同生育期、不同空间位置的作物生长环境明显不同,首次提出“处方农作”概念。之后的90年代,美国进行了土壤传导性、土壤元素测定、电磁感应等技术的研究。进入21世纪,信息感知、无线传输、自动控制等技术的发展,以及全球定位系统(Global Positioning System, GPS)向民间开放,促使美国精准农业快速发展,至今已形成了相对成熟、可推广普及的精准农业模式,并成为全球精准农业的引领者。美国精准农业的发展首先得益于平坦肥沃的规模农场,农场平均规模约1.75 km^2。“3S”技术是精准农业发展的核心,美国突出的精准农业技术体现在以下三点:

一是精准导航与自动驾驶系统。美国联邦航空管理局建设的广域增强系统可为农业提供分米级免费信号服务。针对厘米级精度的应用,主要通过电台、移动通信链路和卫星通信链路三种方式提供实时动态差分信号。凯斯纽荷兰等农机具企业生产的拖拉机、大型收割机等农机普遍安装了基于GPS、视觉导航等技术的自动驾驶系统,有些先进农机可以根据作业场景提前进行路径规划。

二是信息获取与变量作业。农业研究局建立了全球独有的植物表型高通量测量系统和成像系统,全天候获取测量区域内所有作物的全方位表型数据和长势数据,建立作物光谱识别、预测模型,以利用无人机、卫星等遥感系统制作变量处方图。

三是农机检验检测环节。在持续高温的天气下,选择坚硬的土质环境建立农机检验测试场,采集测试数据,对农机的功能、性能、部件等进行全面评估。美国健全的农业政策为精准农业的发展提供多层支持与保护。一是农业信贷体系。政府为农场主提供信贷担保,帮助农场主顺利获得农业贷款;成立农业信贷总局,联合一些信贷企业和金融机构,为农民购置先进农机提供专项优惠贷款。二是立法加强教育、科研与推广应用。美国新农业法草案明确表示支持在高校中开展对青年人农业新知识、新技术和应用能力的教育;支持农业产业信息和技术转让的研究和推广。美国农业部根据国家战略重点和农业发展需求的变化,每隔2年左右调整和制订新的农业研究计划,并向国会申请经费支持,既保证研究工作的系统性,又注重解决农业生产所面临的问题与挑战。精准农业全套技术体系在美国已经市场化,约翰迪尔公司的"绿色之星"、凯斯纽荷兰公司的"先进农业"等系统是技术集成的先驱,为农场主提供配套设备及技术服务,80%以上的农场采用了GPS自动导航、物联网、变量作业等精准农业技术。

(二)日本

日本人稠地狭,过去以分散的小农经济为主,但目前有力地推动了农业生产向集约化、适度规模化经营的转变,在此基础上发展精准农业。早在20世纪70年代,日本就进行了土地规整与建设。通过修订限制农地流转与集中的各项规定,政府逐步放松对土地的严格管制,主要包括承认多种形式的农地流转、放宽农地租赁的审核与管理、对长期出租或出卖小地块的农户给予财政奖励等。政府出资运行的农业合作组织、非营利性的民间法人组织等管理服务机构在促进农地流转、保障流转方向、规定利润分配等方面发挥了重要作用。在规模化整理土地的基础上,日本政府积极完善农田基础设施,如修建上水排水设施、田间道路、通信等设施。2004年,日本将农业物联网建设列入政府计划,截至2014年,超过50%的农户使用了农业物联网设施。在农业人员组织方式上,组建农业共同体,鼓励共同经营。一是将懂技术、管理、经营的农户组建为农业经营团体,主要负责组织广大农民群体学习农业经营、管理的先进信息技术。二是将从事精准农业技术研发、推广等的企业组建为农业技术团体,主要负责提供、宣传和推广精准农业技术和设备。三是出台"人与农地计划"、《农业经营基础强化法》等政策法规,培育适度规模经营的新型经营主体,对专业从事农业生产的新型经营主体给与资金、技术服务的支持。立足农田面积相对小的特点,日本致力于攻克具有较高灵敏度和准确性的小型作业机器和无人机植保。目前已研发出能够采集土壤水量和肥量的六足机器人、水稻变量施肥机、采用三维视觉系统的采摘机器人、撒播水稻出苗数检测装置等,多台小型机器可以根据计算机传达的信息协同工作。20世纪90年代初,日本政府就鼓励推广无人机在稻田植保中的应用,经过30年的发展,无人机功能也从早期的喷洒向基于成像技术的生产态势分析、基于垂下光源吸引和高压电技术的杀虫领域扩展。自动精准导航、避障和飞行稳定性控制等技术在无人机应用中相对较为成熟。近年来,数字技术的发展推动了日本农业大数据平台的建设。在"农林水产业创造技术"项目支持下,自2014年开始,政府每年给予中央财政支持,通过政府与企业合作研究与建设,历时5年多,日本全国性农业数据公共平台正式上线运行。平台汇集的土壤、气象、生长预测、农机作业等数据叠加到农场管理系统,在推行变量精准施肥、提高农机智能化水平和机器人作业等方面发挥了成效。为让农户更好地访问、使用数据,日本政府也重视在农户中普及计算机应用,开设培训班,教农户信息技术的使用;面对从业人口普遍老龄化问题,鼓励企业开发适用于中老年人的专用界面。

(三)欧盟

近年来,欧盟发达国家正积极推动机械农业向数字农业转变,从而推动精准农业的发展。2017年,德国投入超过50亿欧元,由大型企业、科研单位牵头研究攻关与信息感知和调控、云平台等技术相关的软件系统、硬件装备等。德国数字农业的解决方案是:每块地的地理位置、土壤特性、作物信息、实时天气等数据上传到云端,运用大数据、人工智能等技术进行处理,并做出诊断和处方,然后将云端提取的指令信息发送给配有接收信号的大型农业机械,控制农机进行作业。德国 Gut Derenburg 农场是一家有着 190 余年历史的家庭农场,2000 年前后农场配备了能够实时测产制图的收割机,进一步掌握了产量的空间差异,于是农场决定逐步实施精准农业应用项目。以精准灌溉为例,其典型做法是将空间数据和土壤类型、土壤田间持水量等属性数据叠加,得到可用田间持水量空间分布图,结合降水量和作物需水规律等数据,分析作物缺水状况,进行空间分区,针对不同分区采取有针对性的措施。法国近些年农业信息化发展较快,由政府、社会组织、企业及经营者共同推进,积极打造集开发应用、市场咨询、法律政策保障、战略支持等于一体的农业大数据体系,目前已建成完备的农业信息数据库。政府定期公布农产品产量、流通等信息,根据市场供需情况提供种植、销售等建议;社会组织为农户提供法律、技术、管理等方面的咨询服务,在农机推广、农民教育与培训等方面也发挥着重要作用;企业根据新型经营主体的需求,提供基于现代信息技术和物联网技术的个性化服务;经营者依法填报自己的农业生产经营信息。在意大利,政府推动、企业参与,共同出资组建精准农业商业化运营公司,开展导航位置服务、设备研发、技术咨询、用户指导等业务。意大利伦巴第大区大农场基于遥感、导航等空间信息技术,采用智能化农机装备自动控制系统,也实施了精准农业项目。目前,欧盟正着力解决一些小型农场的水利、宽带设施等问题,加强成员国创新合作,扩大精准农业的推广应用。

(四)以色列

以色列位于西亚沙漠地带,面对降雨稀少、土壤贫瘠、地表水分布不均的自然环境,以色列政府一方面积极修建农田水利设施,另一方面高度重视农业技术,尤其是节水技术研究,每年资助上亿美元用于农业技术研发与推广,农业科研经费 GDP 占比居世界前列。目前发展了以节水灌溉、水肥一体化和温室技术为代表的精准农业,创造了“沙漠里的奇迹”。20 世纪中期开始,以色列政府主导全国范围内兴修水利,旨在将北部天然水源引入到南部缺水地区,将地下水组织、连接成网络状。密布的输水管道根据水质的不同被漆成不同的颜色,黑色、白色、紫色管内分别是废水、可直接饮用水和再循环利用水。在此基础上借助发达的物联网、咸水淡化、废水循环利用等技术积极发展节水灌溉。滴灌与喷灌是以色列节水灌溉的代表方式,超过 90%的灌溉采用了节水灌溉技术,水资源利用率居世界之首。世界知名企业耐特菲姆公司 50 多年来,一直致力于节水技术及产品的创新,先后开发出 100 多种滴灌器,推出多套滴灌系统和对应产品。农业数据的采集和积累进一步推动滴灌用水量精准化发展,数字化管理平台根据传感器采集的土壤特性及作物生长信息实时跟踪农田状况,结合嵌入的作物模型决定灌溉时间和灌溉量,目前 80%的地区使用了基于实时数据的灌溉策略。在滴灌技术的基础上,以色列还积极发展水溶肥料及相关技术,根据传感器记录的环境数据,施肥罐里溶解的氮、钾等肥料,经自动操作平台分配后,借助管道和压力准确、均匀地输送到植物根部,一些先进的系统可测量每个植株的压力水平,以此确定水肥输送时间和停止输送时间,实现了节水节肥、精准灌溉与施肥一体化。20 世纪 70 年代,以色列开始发展温室大棚,大棚里配备滴灌系统,滴头插入基质中,通过压力输送进行水肥供应。温室里还安装了光照、温度等传感器,控制系统读取传感器的数据,自动升降挡板和帘子,从而保证植物所需的光照和通透性。目前,温室内从播种到收获全部实现了智能化生产与控制。

二、国内研究

(一)国内现状

我国是一个农业大国,在20世纪90年代才开始精准农业方面的研究。我国科学家在1994年提出了在国内进行精准农业研究的建议,国家在“863计划”和“973计划”中列入了精准农业的研究内容,并由国家计委和北京市政府在北京构建了精准农业示范区。2002年,国家科技部批准在北京农业科学院成立了“国家农业信息化工程技术研究中心”,中国农业大学成立了“精准农业研究中心”,中国农业科学院土壤肥料研究所成立了“信息农业研究室”,浙江大学成立了“农业信息科学与技术中心”。截至目前,中国科学院、北京市农业工程信息中心、北京师范大学、中国农业科学院等单位都开展了精准农业的相关研究,已经在北京、河北、山东、上海、新疆等地建立了多个精准农业试验示范区。总体来看,国内精准农业的研究正在处于试验示范和逐步推广应用的阶段。

精准农业是我国现代农业发展的客观要求和必然选择, 是保证我国粮食安全、提高农业发展水平的现代科学技术的选择。我国的精准农业经过多年的发展,已经形成了精准播种、施药、灌溉和收获的技术体系,并且已经在大田生产、林业、畜牧水产养殖、农产品加工等行业开展了广泛研究。随着农业物联网技术、农业大数据、智慧农业等技术的提出,精准农业将在技术体系、应用体系和人才体系几个方面得到进一步发展。

(二)具备条件

中国精准农业发展至今,逐渐积累成果,目前已具备了一些精准农业进一步发展的条件。从空间信息技术来看,中国构建了相对成熟的具有自主知识产权的北斗导航系统,采用该系统的农业机械定位精度高,已成功付诸应用。在新疆,多处农机站安装了北斗卫星定位信号接收器,应用北斗导航系统的无人驾驶拖拉机有近6 000台,自走式植保机实现了农机和信息的协同发展。高分一号至高分十二号等高分系列卫星成功发射,高分六号卫星具有独特的农作物识别波段,是中国首颗农业应用卫星,在农业信息监测中发挥了重要作用。从空间数据来看,已建成全国家庭承包地土地确权、粮食生产功能区和重要农产品生产保护区等基础数据库,高标准农田建设及上图入库、家庭农场调查入库等工作正在加快推进,这些数据是中国精准农业发展的底层支撑。从感知设备应用来看,土壤温湿度、太阳光照等传感器、采摘等机器人已在部分农田和设施园艺中推广应用。国家农业信息化工程技术研究中心领先中国智能农业装备设备的研发,在全国布设了远程墒情监测站。基于低空传感器的无人机植保,尤其是基于实时感知的无人机喷药等作业方式也逐渐被农场主、涉农企业采用。从发展环境看,近年来,国家颁布了一系列政策文件,鼓励农业生产信息化、精准化发展,为中国精准农业的发展创造了战略条件。在农村土地三权分置等政策的引领下,中国耕地流转面积在逐步增长,国家对家庭农场、合作社等集体组织、社会化经营单位等新型经营主体给予支持。致力于农业先进技术研发和服务的企业快速成长,极飞科技公司已与日本拜耳公司签署合作协议,推动定制化的农业植保服务落地实施;华源节水公司学习以色列先进的滴灌、喷灌技术,生产的卷盘式喷灌机、智能水肥喷灌系统已投入使用。农业生产出现积极变革态势。

(三)薄弱环节

虽然中国已具备一些精准农业进一步发展的基础,尤其在大中型拖拉机自动驾驶、位置精准方面取得的进步尤为明显，但由于中国长期处于小农经济状态，生产要素较为分散，技术研发水平还相对落后，精准农业目前主要处于萌芽阶段，尚缺乏完备的技术、装备、实施、推广、服务体系，作业量精准还未实现。主要的薄弱环节可以归结为以下几点：

(1)土地分散，农田配套设施及信息平台建设不完善。目前，中国耕地还以家庭承包为主，零散化现象普遍，户均耕地面积小，且一户的耕地又分为好几个田块，非常不利于精准农业的开展实施；只有少量大规模农场安装了农田信息采集设备、铺设了灌溉用的水管网络、电力设施等，大部分农田还不具备现代农业基础设施条件；目前，我国涉农信息平台或网站有4万多个，各平台之间信息不互通，存在重复建设、内容不全等现象，数据整合程度与标准化程度低。

(2)农业信息获取时空不连续。卫星遥感是获取时空信息的主要来源，通过特定的物理或经验模型转换，可为精准农业提供具有时空变化信息的处方图。目前，我国自主运行的卫星数据在农业领域的可使用率较低，仅有高分六号卫星是农业应用为主的卫星。地面农用传感器是时空信息的重要辅助源及卫星数据的验证手段，目前，我国农业智能传感器大多还需要进口，特别是芯片等核心材料，自主研发的农用传感器在稳定性、可靠性等方面与国外还存在一定差距。考虑到我国地域辽阔、种植制度复杂多样，现有卫星数据及地面传感设备尚不能满足获取时空连续农业信息的要求，农业资源"一张图"建设难以推动。

(3)可推广的自动变量作业系统及装备缺乏。随着我国"天空地"遥感技术的发展，基于空间信息技术生产的处方图难以落地发挥作用，主要原因在于不同技术之间存在是否兼容或可移植的问题。处方图分区单元与地面分区单元和农机设备位置的匹配、处方图识别、远程控制、作业量自动调节等技术融合还未打通，且一些高端智能化设备装备主要依赖进口，如何与处方图及控制系统结合也存在困难。已有的一些智能控制系统有的停留在信息传送与显示层面，有的能够实现作业位置精准，尚未能实现基于处方底图的自动控制变量作业。探测技术与机电一体化的集成是我国精准农业发展的另一短板。

(4)高素质农业人才不足。当前，农村年轻劳动力进城打工趋势明显，农业从业者以五六十岁以上的中老年人为主，整体文化水平偏低，对新知识、新设备的理解掌握能力偏弱，懂得并运用新型农业生产技术的人才尤为缺乏。

三、我国精准农业的发展方向

(1)构建精准农业技术体系。我国精准农业的发展重点是构建具有自主知识产权的精准农业技术体系。该体系主要内容包括三个方面：

一是制定我国精准农业技术标准、规范和效益评价指标体系。

二是构建我国五大作物、设施农业、主要果树、畜禽水产养殖等重点领域的精准作业系统。

三是创新农田信息采集、生产管理决策、变量智能农业装备、精准农业技术集成等关键技术，最终实现农业高产、高效、优质、安全的技术需求目标。

(2)建立精准农业技术应用推广体系。依据国家发展需求和应用示范需要，建立具有中国特色的精准农业技术应用推广体系。结合国家粮食丰产工程、商品粮基地建设、中低产田改造现代农业产业技术体系建设等工程，建立一批精准农业技术应用示范基地，配套完善精准农业基础设施，形成我国农业技术应用推广体系，保证我国的粮食安全和重要农产品安全。

（3）培养精准农业技术人才体系。为了更好地在基层推广和应用精准农业技术，培养和完善精准农业人才体系，可从以下两个方面着手：①主要依托大学、科研院所和农技推广中心，培养具有高学历、高水平的专业技术人才；②建立覆盖全国的精准农业技术培养中心，培养适合基层农技推广的技术队伍，逐步形成精准农业技术创新、应用推广和生产示范等不同层次的人才队伍。

精准农业技术的应用和快速发展将有效提高我国农业生产信息化、农业装备智能化和农业经营管理的现代化水平，对我国现代农业发展、促进我国“四化”同步进程有着重大意义。

第三节　精准农业与导航定位技术

农业对卫星导航定位技术的需求，根据 GNSS 的功能，可以划分为定位、导航授时、短报文等应用需求，其中授时应用需求较少（见表 2-1），短报文应用又与定位或导航融合在一起。

表 2-1　农业对导航定位技术的需求精度

应用领域	定位精度	连续性	可靠性	备注
自动驾驶	±2.5 cm	极高	极高	主要应用于播种环节
对行施肥	±2.5 cm	极高	高	
农田测绘	±5.0 cm	一般	高	
挖沟铺管	±2.5 cm	极高	高	为高程精度要求
卫星平地	±2.5 cm	极高	高	为高程精度要求
耕深测控	±3.0 cm	高	高	为高程精度要求
产量监控	±1.0 m	一般	一般	
信息采集	±1.0 m	一般	一般	
土壤采样	±1.0 m	一般	一般	
变量控制	±1.0 m	极高	高	
飞机导航	±1.0 m	极高	高	用于飞行导航与喷施控制
作业监测	±10 m	高	一般	
调度导航	±10 m	一般	一般	
渔船监控	±10 m	一般	一般	要求具有短报文功能

农业应用除对定位精度有着明确要求外，对于 GNSS 的完好性、可靠性、可用性和连续性也同样有着明确的要求。例如，对于农业机械的自动驾驶导航，特别是播种作业应用，对于系统的可靠性和连续性均有极高的要求。由于自动驾驶导航技术在一定程度上替代了高技能的劳动力，播种作业对 GNSS 的安全性同样也有极高的要求。

一、卫星定位导航技术在精准农业中的应用

精准农业(Precision Agriculture)是依靠信息技术支撑,实现精准播种、精准施肥、精准灌溉、精准动态管理和精准收获,通过精细化管理实现农业高效益、可持续发展的农业发展新潮流。其核心是全球卫星定位技术、地理信息技术、遥感技术和计算机自动控制技术。精准农业这一概念最早是20世纪80年代末由美国、加拿大的一些农业科研部门提出的。1993年,精准农业技术首先在美国明尼苏达州的两个农场进行试验,结果当年用GPS指导施肥的作物产量比传统施肥的作物产量提高30%左右,同时减少了化肥施用总量,经济效益大大提高。此后,精准农业开始兴起,目前已成为农业发展的一种普遍趋势。多年实践经验表明,引入卫星导航的精准农业技术能够使不同地区、不同条件下的作物增产3%~50%,大大降低农业生产的人力、资金和原材料(种子、肥料、农药、能源等)成本。

精准农业中的卫星导航定位技术主要包括农业机械控制、精准病虫防治和灌溉、农田资源的普查和规划等。

(一)农业机械控制

卫星导航定位技术在农业机械控制中的应用主要包括变量施肥播种机、联合收割机、无人驾驶拖拉机等。

1. 变量施肥播种机

精细农业变量控制的出发点是把大田块细化为小田块,按小田块收集田间状态信息,根据其差异性做出作业决策,即依据当前土壤养分状况和作物生长状况等田间状态信息编制出田间施肥或播种变量作业处方信息。作业处方信息包括田间不同区域应有的施肥量或播种量、定位信息、步进电机步进值等农事变量作业信息,并有针对性地加以实施。但不同的农田,农田信息分布空间差异较大,导致单位网格作业面积的大小定义差距较大,这样就必须根据网格大小采用不同精度的GNSS或DGPS数据。如图2-1所示。

图2-1 变量施肥播种机

2. 联合收割机

在联合收割机(见图2-2)上安装全球定位系统接收机和地理信息系统,在农作物收获的时候,利用GNSS技术和产量传感器,由此获得农田作业区内不同区域、不同地块的农作物产量分布,把这些数据经过处理后可以制作产量分布图。之后,再将影响农作物生产的种种因素数据输进计算机,从而通过产量数据对比的方式,确定农作物产量分布不均匀的原

因,并且制订相应有效的措施。由此,设计出农业机械的智能控制软件。在农田作业过程中,根据按需投入的原则,推进分布式投入,并综合分析某个农田、具体田块的总产量有没有提高或者减产,然后制订新的针对性更强的田间投入方式。相应地利用农作物的产量分布图,可以控制联合收割机的行驶速度、割幅,从而控制收割速度、脱粒喂入量,达到最佳的收割效果和最大的收割效率。

图 2-2　联合收割机

3. 无人驾驶拖拉机

农机的自动导航控制主要是对农机进行横向位置控制,即控制农机跟踪事先规划好的作业路径,使其与路径之间的横向位置偏差保持在一定的精度范围之内,从而满足农业生产的需要。现代农机自动导航系统一般由检测单元、控制单元、执行单元及监控单元四部分组成。

检测单元负责农机当前位置与姿态的检测,其中位姿传感器通常包括位置传感器、姿态传感器、速度传感器等,用于测量农机当前的位置、姿态角(包括航向角、俯仰角和横滚角)信息及位置和姿态角的变化速度,即农机运动速度和转动角速度等;车轮转角传感器用于测量农机转向轮当前转向角度信息,用作转向控制回路的反馈传感器。控制单元是导航系统的核心,负责导航路径规划及路径跟踪控制。其中,导航控制器根据农机的当前位姿信息和目标路径信息,按照某种导航控制策略,计算出转向角度的期望值,即转向角指令;转向控制器根据农机的当前转向角和来自导航控制器的转向角指令,按照某种转向控制策略,计算出对转向执行机构的控制量,如频率、电压等,从而控制转向执行机构的运转,将农机转向轮转动到转向角指令要求的角度。执行单元是农机转向的执行机构,其作用是将转向控制器的控制信号转换为对农机转向轮的转向力矩,使转向轮发生转动。转向执行机构一般有机械式和液压式两种。机械式一般采用电机驱动农机原转向轴转动,实现农机转向操作,安装简便、适应性广。而液压式适用于液压转向方式的农机,由自动转向液压回路直接控制转向油缸的动作,实现农机转向操作。液压式转向执行机构转向控制精度高、执行速度快,具有操作简便可靠、可靠性高等优点。监控单元是导航系统的人机交互界面,一般由一台田间计算机承担。田间计算机的主要功能包括系统参数设定、导航任务管理、导航状态监视等功能。

无人驾驶拖拉机是由固定操作站控制的无人驾驶农业机械(见图 2-3),在卫星全球定位系统或在田间附近地面系统的导航下工作,具有很多优越性:可实现 24 h 内连续精确作业;没有驾驶员,就没有必要安装驾驶室和操纵机构;可增加空间来安装农具,并减轻机器重量,可提高机组工作效率。我国主流农机自动导航产品有 Trimble 的 AutoPilot 系列农业自动驾驶系统,John Deere 公司的 Auto Trac 农机自动导航系统、司南与美国 Auto Farm 公司合作的 Auto Farm 农机自动导航系统,合众思壮公司的壁虎和慧农两大系列农业自动导航系统,北京农业智能装备技术研究中心自主研发的 Auto Guide 农业自动导航系统等。

图 2-3 无人驾驶系统

(二)精准病虫防治和灌溉

卫星导航定位技术在精准病虫防治和灌溉中的应用主要包括精准喷药、精准灌溉等。

1. 精准喷药

精准喷药是运用 GNSS 监测病虫草害,是预测预报的新手段,通过 GNSS 系统连接高质量视频摄像系统拍摄分析图像,可以收集原始数据,监测大田作物,得出田间病虫草害分布大小位置,并可以通过逐次拍摄确认害虫的迁飞路线、种群数量和危害程度,以及病虫草害发展方向及流行趋势。如要对大面积农田集中进行喷药,则可选择装有差分 GNSS(DGPS)的飞机(见图 2-4)。DGPS 航空导航系统可以引导飞行员从机场直接前往作业区,在已设计的航线和高度飞行喷洒药物,若飞行员加满药物再次返回作业区,系统还能让飞机到达上次药物喷洒停止时的准确地点,以确保既无重复喷洒又无遗漏区域。

2. 精准灌溉

精确灌溉既能满足作物生长过程中对灌水时间、灌水量、灌水位置、灌水成分的精确要求,又能按照田间的每个操作单元的具体条件,精细准确地调整农业用水管理措施,最大限度地提高水的利用效率(见图 2-5)。在田间运用 GNSS 土地参数采样器采集植物生长的环境参数,如土壤湿度、地温等,通过 GNSS 中心控制基站,利用专家系统进行植物分析,可以调控植物生长环境,精确调控节水灌溉系统。

(三)农田资源的普查和规划

在精准农业中,综合应用卫星导航技术、GIS 和遥感技术,实现农田信息的数字化、可视化管理应用。技术人员利用 GNSS 手持机可以获得农田的地理位置信息(见图 2-6)。运用卫星定位测量技术,能够快速、高效、准确地量算出作业面积等参数。卫星导航接收机获得

图 2-4　飞机精准喷药

图 2-5　精准灌溉

的农田定位信息通过 GIS 转化成相应的图形,同田间的各种信息结合,形成反映该信息的专题图和处方图,如肥力分布图、病虫害分布图等,用于农作物科学施肥、病虫害防治和估产等。增加了卫星导航定位功能的土壤水分温度检测仪在测试土壤含水率的同时,可以测定测点的精确定位信息(经度、纬度),可随时显示采样点的位置信息,并可将位置和水分、组数等信息存储到主机内,也可通过计算机导出。因而,能够反映土壤水分的空间差异。不仅有利于实施节水灌溉,同时精确的供水也有利于提高作物的产量和品质。实现了含水率和三维位置信息的自动采样处理。通过卫星导航定位系统掌握土壤的水分(墒情)的分布状况,为差异化的节水灌概提供科学依据,同时精确的供水也有利于提高作物的产量和品质。

二、美国格雷格夫妇的故事

美国农业人口占其全国人口总数的比例不到 2%,不但养活了 3 亿美国人,而且是全球谷物出口大国。美国农产品生产主要依赖家庭农场,两三个人一年就可以生产出上千吨的小麦或是玉米。美国 220 多万户农场中,大约有 350 多万农业劳动力,其余的是小孩和老人等,每个农场主平均经营 400 英亩(大约 2 400 亩)土地。每个农场的劳动力平均为 1.6 个。2010 年,美国收入超过 100 万美元的农场有 88%属于家庭农场,而生产的农产品占全美农

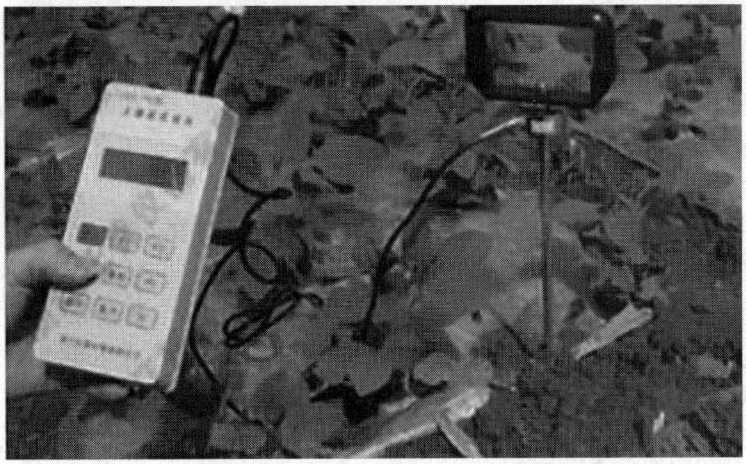

图 2-6 GNSS 手持机进行农田普查

产品生产量的 79%。格雷格夫妇是美国北达科他州河谷市的一家农场的主人。格雷格夫妇的“家”并不是农家小院,而是一栋普通的两层民居,看上去跟美国城镇里的大多数私人住宅没有任何区别。格雷格的办公室里是全套的现代化办公设备,除打印传真一体机外,还有一台通过卫星连接上网的电脑。格雷格夫妇的农场大约有 3 000 英亩(约 18 000 亩),农场的主要农作物是大豆、小麦、玉米和荞麦。格雷格的仓库里停放着联合收割机、四轮驱动拖拉机、风钻机、农用轨道拖车、捆草机、播种机……这些农业机械的总价值大约为 22 万美元。这些农业机械每个都有特定用途,正是它们把格雷格从繁重的体力劳动中解脱出来。格雷格十分珍爱他的“秘密武器”——一台安装了 GPS 全球卫星定位系统的大型拖拉机。这套自动驾驶和卫星定位系统可以使拖拉机由电脑控制作业,无需人工操作,而且耕地质量高。

三、北斗与现代农业的结合

(一)北斗定位在北京农业中的应用

温湿度感应、自动光照、智能灌溉……农民只需要一台电脑甚至一部手机,就能掌握田间地头分分秒秒的变化,做出合理的资源调配,对农田进行“精雕细刻”…… 这是北斗卫星导航系统为我们展现的现代精准农业的美好图景。2013 年 7 月,国内首个“基于北斗系统的精准农业应用示范”项目,在北京顺义现代农业万亩示范区赵全营镇兴农天力农机服务合作社通过验收。该项目首次成功将我国自主知识产权的北斗定位和 TD-LTE 移动通信技术结合,并推广应用到现代农业管理过程,为北京农业打造了首个“基于北斗系统的精准农业”的新型应用及管理平台。该项目自行研究的“多种差分算法”,成功将北斗农机定位的误差控制在 5 cm 范围内,为北斗定位真正服务于精准播种、施肥、打药等农业精准机械化作业提供了全新的、可靠的技术保障,系统依托 TD-LTE 移动宽带通信平台,有效实现现场作业高清影像、图片、数据等信息实时传输到管理中心,通过基于 GIS 的农机作业现场管理平台,可实现包括作业调度、电子围栏、作业量统计、病虫害监测、收成评估等多功能的农机综合管理。北京顺义都市型现代农业万亩示范区建设工程意味着在不久的将来,京郊将实现现实版“智能种菜”—— 农民也能在家里足不出户运用物联网技术和 3S 技术,操作智能农机在田间精准耕种、管理和收获庄稼。该万亩示范区具体目标为实现增产增效，粮食单产要提高 10%~20%，经济效益要增加 15%；节资节本提高劳动生产率，节约水、肥、药等，降低劳动力投入；基础设施要建设资源节约型、环境友好型基础建设；现代装备通过现代装备配套基本实现农业生产全程机械化和信息化；生态景观将打造优美农田景观，建立农业、农村生态环境景观建设技术体系；经营机制要探索规模经营实现途径和生态环境管护机制。

（二）北斗卫星导航技术在新疆生产建设兵团精准农业中的应用

北斗卫星导航技术已在新疆生产建设兵团精准农业中得到应用，各师（局）先后建成了大型农机的远程监控调度系统，并投入运行。北斗卫星导航与位置服务平台、地基增强系统能为各团（场）农机管理部门、采棉机公司和农机合作组织提供作业农机实时信息服务。通过该系统可以准确获取当前作业机具的实时位置，跟踪显示当前农机的作业情况，准确获取作业面积、主油耗等相关数据，并能观看农机作业实时作业画面，监控作业质量，提高农机作业服务的效率，降低服务成本，具有远程电视电话会议、远程农机指挥调度、远程农机作业质量监控等信息化服务功能。

1. 北斗导航拖拉机自动驾驶技术的主要特点

北斗导航拖拉机自动驾驶系统是利用北斗卫星的定位信号来设计车辆的行驶轨迹，在车辆作业过程中综合车辆的位置信息、姿态信息、航向角信息、传感器信息，通过控制液压系统，最终实现拖拉机的转向按照设计路径行驶。生产实践表明，北斗导航自动驾驶系统与人工作业相比具有以下明显特点：

（1）定位精度高。北斗导航可以为农用机具提供实时的位置信息，保证有较高的行走精度。

（2）作业标准高。北斗导航系统可以有效监测农作物产量分布、土壤成分和性质分布，做到合理施肥、播种和喷洒农药，降低成本，增加产量，提高效益。

（3）适应能力强。北斗导航拖拉机自动驾驶技术，可以保证农机作业不受时间和气候的限制，不必“日出而作、日落而息”，缩短作业期、提高工作效率。传统的农机作业质量主要依靠驾驶员的操作技能和责任心来保障，难以全面达到精准作业的要求。北斗卫星导航拖拉机自动驾驶依托智能技术保障作业质量、提高作业效率，作业后的条田接行准、播行直。为之后作物中耕、打药、施肥、收获作业提供便利。另外，农机驾驶员操作时只需要踩油门和刹车，不用操作方向盘，大幅降低了劳动强度，实现了舒适化操作。

2012 年新疆生产建设兵团农机推广部门开展了卫星导航自动驾驶技术的试验示范工作，至 2015 年 5 月底，已有 1 500 套的产品在新疆区域的拖拉机上进行了安装，卫星导航拖拉机自动驾驶技术逐步从小面积试验向大面积试验示范迈进，其作业精度、操作方便性、使用可靠性、性价比逐步得到认可。

2. 北斗卫星导航拖拉机自动驾驶技术的应用

（1）应用在播种作业中，播行直、接行准解决了采棉机采净率的提高问题。棉田连接行的准确性是影响采棉机采净率关键因素，结行误差超过 5 cm，就会对采棉机的采净率产生影响。该技术应用在棉花播种作业中，能一次完成铺膜、铺管、播种作业，1 000 m 播行垂直误差 2~3 cm，有效解决了播种作业中出现的“播不直、接不上茬”的难题。

（2）应用在整地前喷洒除草剂作业中，可确保接行准，不重不漏。在卫星导航拖拉机自动驾驶系统出现前，少数认真的单位，在整地前喷洒除草剂，要求机车组规划作业区，保证打药喷雾机行走位置准确，作业机组要多配 2 个人，增加了作业成本。拖拉机安装自动驾驶系统后，路线可根据作业幅宽设定，并实现自动驾驶，避免漏喷和重喷，作业效果大幅提升，减少农药投入，节约成本，降低污染。

(3)应用在苗期化控和植保作业中，采用具有拖拉机自动驾驶系统播种的田块，行距分布均匀、准确，喷雾机喷头可直接对行施药，农药利用率高，不污染环境，而未安装自动驾驶系统拖拉机播种的田块，行距累积误差大，作业效果差。

(4)应用在机械采收前喷施脱叶催熟剂作业中，采用具有拖拉机自动驾驶系统播种的田块，由于行距分布均匀，吊杆可精确走在宽行中间，很少对棉花茎叶产生碰擦，通过顺畅，喷施效果就好；未安装自动驾驶系统拖拉机播种的田块，喷雾机工作幅宽越宽，吊杆被架起的现象越严重。

(5)应用受灾棉田重新播种，按原规划轨迹进行重复播种作业，接行误差可以精确到小于 2~3 cm，可保证后续棉花田间管理和机械收获的正常进行，有效提升抗灾能力。

(6)应用在中耕施肥作业中，可使机具行走位置准确，缩小了护苗带，肥料离苗近，提高肥料利用率，松土和灭草效果好，同时可以减少苗株的损伤率。通过卫星定位进行测土施肥，根据土地不同位置、不同土壤类型及养分的盈亏情况，将微量元素与肥料科学配方，精确施入，可减少化肥浪费和污染。另外，卫星导航技术可改变棉花、玉米、番茄等宽行距作物传统施基肥的方式，采用精准对行分层施肥技术，提前将基肥施入种行下方 10~15 cm 处，可以大幅提升肥料利用率，减少宽行距作物的化肥投入和减轻肥料对环境的污染。

(7)应用在残膜回收作业过程中，自动导航技术可使拖拉机沿设定轨迹行走，如能保证残膜回收机的起膜边装置精确对准膜边，就可将膜边完全挖起，从而简化机具结构，提高残膜回收率。

(8)应用在棉花测产作业中，棉花产量信息的实时获取技术是分析棉田产量差异性和生成棉花空间分布产量图的基础，也是对棉田实行精细管理和变量作业的依据，随着精准农业的深化发展，作用将逐步突显。

(9)应用在采棉机实时监控中，卫星导航技术通过物联网组网，实时了解采棉机的位置和作业状态，及时准确地进行调度，能够有效提高采棉机的管理水平和机组利用率。

3. 北斗导航定位系统效益分析

新疆兵团的生产实践表明，采用北斗卫星导航拖拉机自动驾驶技术，具有良好的经济、社会和生态效益，具体包括：

(1)提高作业精度。播幅连接行精度误差小于 3 cm，1 000 m 播行垂直误差小于 3 cm，机手具备基本操作技能即可，降低了雇用拖拉机驾驶员的人工成本。

(2)提高机车利用率。播种中不受光线限制，可实现全天不间断作业，适时播种，不误农时，同时减少农机数量上的投入，增加 20%~30%机车组经济收入，稳定专业农机队伍。

(3)提高采棉机采净率。该技术的应用使得机具作业突破了“播行不直、接行不准”的瓶颈，与人工驾驶拖拉机播种作业相比较，采棉机的采净率提高 2%~3%，可增加收入 900~1 350 元/hm^2。

(4)提高土地利用率。加装导航系统的拖拉机播行直且均匀，最大程度上减少土地的浪费，土地利用率提高 0.5%~1%，减少农资消耗的同时还可以增加作物的产量。

(5)提高中耕作业质量。用于播种甜菜、玉米、番茄等中耕作物，中耕作业保护带宽度的缩小,伤苗率和漏耕率的减少,肥料利用率增加,除草和松土效果的增强,至少提高作物产量2%~3%。

(6)提高植保作业质量。用于播前喷洒除草剂,田管阶段喷洒作物生长调节剂,秋后喷洒化学脱叶催熟剂,可确保接茬准确、施药精确、不重不漏,减少化学药剂对土壤产生污染。

(7)提高灾害重播作业质量。用于农田灾后重播,经济效益尤其显著,不影响棉花机械采收,这是人工播种无法做到的。新疆春季灾害重播面积一般在20%以上,2014年超过30%。使用卫星导航和自动驾驶技术帮助灾后重播,作业精度高,接茬精度可控制在2~3 cm,补种的作物可很好嵌入原有田间,利于后期机械收获作业。

(8)提高残膜回收率。残膜回收是新疆棉花生产中可持续发展的战略问题,利用北斗导航可精确找准铺膜轨迹,将地膜边挖出,使残膜回收率提高8%~10%。

(9)提高中耕作物基肥的利用率。针对棉花、玉米、番茄等中耕作物传统施基肥的方式,采用卫星导航拖拉机自动驾驶技术,进行精准对行分层施肥,使肥料位于种子正下方,利于作物根系吸收,肥料利用率至少可提高1倍,节约成本,减少化肥污染。施肥开沟起到松土作用,利于作物根系扩散生长和地表水下渗。

(10)购置补贴政策。目前拖拉机自动驾驶装备已基本实现了国产化,性能基本达到国外进口产品水准。国产拖拉机自动驾驶装备的价格(含区域增强网建设费)大致是每套6.5万元,国家农机补贴30%,补贴后的安装价格为4万元左右,基层单位再补贴一点,农机户是可以承受的。关键是要引导农户使用该自动驾驶装备,在收费政策上要有明显区分,执行作业优质优价政策,在作业费收取方面应有明显区别,要让农机户逐步回收智能装备的投入成本。

第四节　组合导航在精准农业领域的应用

一、组合导航在国内外农业领域的发展概况

精准农业是综合运用现代信息技术和智能装备技术,对农业生产进行定量决策、变量投入、定位实施的现代农业操作技术系统。在全球信息化和工业集约化的大背景下,其是现代农业科技发展的必然趋势。20世纪80年代初期,发达国家为了提高农业产量并降低农业污染,提出了对作物栽培管理实施定位、按需变量投入的理念,并开发了作物生长模拟模型、栽培管理调控、测土配方施肥与植保等系列专家系统,形成了精确农业技术体系的雏形。经过数十年的发展,目前精准农业一般由以下系统组成:全球定位系统、农田信息采集系统、农田遥感监测系统、农田地理信息系统、农业专家系统、智能化农机具系统、环境监测系统、系统集成、网络化管理系统和培训系统。

(一)传统导航系统

精准的导航是实现诸多精准农业技术的核心前提,包括自动驾驶、人工控制等。应用于精准农业的导航系统包括全球卫星导航系统(GNSS)、惯性导航系统(INS)、机器视觉导航和激光雷达导航等。其中,GNSS导航应用广泛且技术成熟,目前全球主要的GNSS包括美国的GPS全球导航卫星系统、俄罗斯的GLONASS导航卫星系统、欧盟的GALILEO系统和我国的北斗卫星导航系统(BDS),提高卫星数量可以提高卫星导航的稳定性和精度,因此兼

容多套 GNSS 系统具有明显的优势。目前,GNSS-RTK 是农业领域应用较广的卫星导航定位技术,它是 GNSS 与载波相位差分技术的结合,精度可以达到厘米级。GNSS 的最大缺陷在于卫星信号可能因为环境因素而被屏蔽或削弱,从而导致定位不准确或系统功能瘫痪。惯性导航则是使用惯性元器件(陀螺仪和加速度计)测量车辆的自身加速度与角速度,通过运算得到速度和位置信息,达到导航定位的目的。惯性导航不容易受外界能量的干扰,是一种利用自身运动信息导航的系统,但其系统误差会随着时间的增加而不断加大。机器视觉导航通过摄像机获取的图像信息,经过分析处理可以得到农用机械相对于行间作物的位置与姿态信息,做出相应的路径规划;而激光雷达利用光的反射对周围环境进行扫描,从而获得高精度的周围物体的方位和深度信息。两者的定位精度均可达到厘米水平,但对农业环境的复杂性、作物特性等要求较高;另外,机器视觉导航和激光雷达系统的原理及成本在一定程度上限制了其在无人机等新兴的农业技术中的扩展应用。

多传感器融合技术是指利用多个传感器共同工作,得到描述同一环境特征的冗余和互补信息,再运用一定的数据融合算法进行分析、综合和估计,最后得到能够准确描述这一环境特征所需要的可靠信息。组合导航是未来导航技术应用的主要模式。其中,在农业领域应用较为成熟的结合手段是 GNSS-INS,及 GNSS-机器视觉。

(二)GNSS-INS 组合导航

GNSS-INS 组合定位模式是以惯导系统辅助 GNSS 系统进行定位及导航,其主要作用在于提高 GNSS 的精度,同时保证 GNSS 短暂失效时维持导航。例如,Takai 等结合 GNSS-RTK 和 INS 开发了自动导航履带式机器人,在开阔环境下实现了横向跟踪误差小于 5 cm 的自动驾驶。Yang 等同样将 GNSS-RTK 与 INS 结合应用于轮式拖拉机,其完成耕地、喷药和除草等田间作业时均方误差均小于 5 cm。Yoshisada 等结合了 GNSS 和光纤陀螺仪,利用光纤陀螺仪校正车辆的导航信息,0.7 m/s 速度下工作的均方根误差为 5.5 cm。张京等提出了一种以 GNSS 信号品质与航向角变化幅度信息为指导的 INS/GNSS 航向信息融合策略,仿真和实际应用测试表明其航向精度高于单独使用 INS 或 GNSS。除此以外,INS 还可弥补 GNSS 信号对环境探测等方面的不足。比如,赵书尚等选用 GNSS-RTK 和 INS 组合导航方式,重点对 GNSS 因地形倾斜及土质硬度不均引起的误差进行校正,结果表明校正后的 GNSS 导航参数能够使拖拉机更好地跟踪目标路径,导航精度可达到厘米级别。

(三)GNSS-机器视觉组合导航

将视觉信息和其他传感器信息进行融合,为农业机械提供准确、可靠的位置信息,是近年来研究的主要方向之一。GNSS-机器视觉组合导航是利用视觉的相对信息校正 GNSS 的误差,其主要方法是通过判别各传感器输出数据的有效性,利用基于传感器质量的权重值校正数据。Francisco 等利用卡曼滤波法结合 GNSS 与机器视觉信号有效降低了复杂路径对拖拉机的干扰并提高了自动驾驶的稳定性。陈艳等构建了一个基于 GNSS 和 CCD 摄像机的多传感器组合导航定位系统。在此系统中,GNSS 用来获取农机的绝对位置信息和行驶速度,CCD 摄像机用来获取农机的相对位置信息,通过对单一传感器定位和多传感器融合定位系统的对比实验表明,多传感器融合系统比单一传感器鲁棒性更好,跟踪误差得到一定程度的减小。在另一套 GNSS 与机器视觉组合的传感器系统中,陈艳等使用 GNSS 获取导航车辆的绝对位置信息、航向角度和行驶速度;机器视觉通过图像处理获取导航基准线,并得到代表作物行特征的点;使用 UKF 滤波用来对上述传感器获取的信息进行滤波,有效提高了定位的精度和稳定性，克服了使用单一传感器进行定位的弊端。

（四）GNSS-INS-WSN 组合导航

精准农业中，为了实时获取农作物以及田间土壤等信息，必然会铺设大量传感器节点，组建无线传感器网络来传输信息。无线传感器网络不仅能够实时传输作物信息，还能够用来对移动节点进行定位。为此，陈枭华等提出在无线传感网络中融入 GNSS-INS 组合导航，即 GNSS-INS-WSN 组合导航，结果表明这一组合能够提高定位精度，并保证 GNSS 失效情况下可以确保系统能够正常运行。从上述内容中可以看出，GNSS 技术仍然是组合导航的核心。有效地提高 GNSS 导航的精度、稳定性是组合导航技术的主要目标。GNSS 技术在精准农业上的缺陷主要在于两方面：

（1）农业设施或地理环境对卫星型号的削弱或屏蔽。

（2）GNSS 在物体探测和分类方面的能力有限（如，无法准确判断路况信息和农机自身状态等）。同时配备多套 GNSS 系统，并辅以其他传感器系统是有效规避这些缺陷的有效手段。

二、组合导航在精准农业中的应用前景

组合导航可及时纠正传感器的应用误差，有效地将误差处理压缩在最小范围内；并且可以通过分析，显著提升导航系统应用的能力，组合导航系统能有效地利用各子系统的信息，取此长而补彼短。其定位精度通常可比其中任何单一的导航系统提高 30%。实现各子系统信息融合的关键在于稳定的非线性滤波算法，如扩展卡尔曼滤波（EKF）。鉴于组合导航的优势，其应用已不仅仅局限于军事，农业相关领域的应用也日益广泛。

（一）精准农业的数据采集

精准农业是以信息为基础，利用传感器及现代先进的监测技术，完整、准确、及时地了解土地和作物的详细数据。农业数据的精准性直接关系到农业解决方案的制订与实施效果。由于组合导航在精准定位上的优势，可以通过遥感无人机搭载各类传感器对指定区域内的农田环境及农作物的营养长势与病虫害等相关信息进行监测和采集。此外，在地面作业农机或植保无人机上安装组合导航系统，可以在地面农机作业的过程中通过相关的传感器获得作业过程的实时信息。在上述农业数据采集过程中，组合导航技术可以为机械设备提供精准定位，同时也为数据采集过程的自动化智能化提供了基础保障。

（二）精准农业的作业实施

随着我国农业植保无人机的普及，农业领域成为组合导航技术的重要应用场景。以往的组合导航基于 GPS/INS，随着中国北斗技术的成熟与应用，北斗及 RTK 技术的加入，使得组合导航技术更加精准。组合导航技术是植保无人机应用中的关键所在，通过组合导航技术，为植保无人机的作业提供精准定位及准确导航。尤其是针对目前中国农业正处于由小农户向专业农场过渡阶段，农田作业环境复杂，组合导航技术通过对植保无人机的精准与控制，大大改善了植保无人机的导航定位效果，保障其安全飞行作业。此外，随着农机自动化智能化的进程不断推进，拖拉机、联合收割机已实现自动行驶功能，随着组合导航技术的发展与普及，势必将会在越来越多的农业机械、设备上运用组合导航技术，实现作业的自动化、精准化及智能化。目前，导航系统的最大应用在于农机自动驾驶。在美国，自动驾驶和变量技术应用已经达到了一个较高水平，其在精准农业中的应用率已经达到 83%。在我国，自

动驾驶的场应用仍处于发展初期,仅在东北和新疆等地块较大的地区少量存在,变量技术则仍处于研发和推广阶段。除此以外,我国农业生产以农户分散经营、小块耕作规模为主,同时我国地域辽阔,地形复杂,气候多样,提高导航的精度与稳定性是我国精准农业发展所面临的重要问题。因此,组合导航系统在我国具有广大的应用前景。在开阔区域,GNSS 信号良好,基于 GNSS-INS 或 GNSS-机器视觉的组合导航可以满足农机精确定位需求;而在设施农业和枝叶茂密的郁闭果园内,GNSS 信号容易被遮挡,将 GNSS 信号与 WSN 信号融合将具有巨大的实用价值。

(三)无人农场系统中的应用

目前,我国农业从业人口不断下降,农村劳动力老龄化现象严重,现有的条件已难以适应传统的农业模式。由于组合导航、人工智能、无人机、农业大数据等技术应用,传统农业正在发生颠覆性的变革,加之土地流转的持续有效推进,以及农业社会化服务的普及,不断催生出具有一定生产规模、具备一定科技水平的农业专门化生产单位,通过利用自动驾驶、智能滴灌、变量施药等智能化新技术,克服了劳动力短缺、老龄化的问题,形成了无人化的农场系统。在此系统内各种,如何统筹协调调度各功能单元顺利完成指定任务,离不开组合导航技术所提供的精准定位与导航。通过组合导航技术,可为无人农场系统中各农机设备提供精准定位,有效规避障碍,同时不断自我矫正,实时智能规划/变更作业路径,灵活高效完成作业任务。

第三章 农机自动导航控制技术及应用

第一节 农机自动导航控制技术概述

一、农机自动导航控制技术概念

农机导航控制系统包含两方面功能：一是精准判断农机目前位置距离预设参考点的坐标及运动位姿；二是计算和执行转向角度、行进速度等控制量，让农机在预设路径上行驶。农机自动导航控制技术就是将驾驶系统安装在大型农机上，通过卫星导航使农机在田间可以按照设定的标准进行驾驶作业，从而使农作物的种植布局规则、整齐，提高种植产量，解决人工操作过程中出现的交接行不齐，甚至重叠等问题。

二、国内农机导航发展概况

"农机导航和自主工作系统"是我国工程院和福田雷沃机械有限公司一起开发的。此系统根据国外自动导航科技，加上中国农田耕作的实际状况，大力参考外国的农机设计思路，全部采用三维技术优化设计，把 GNSS、电控比例液态转向、耕作农具自主上升下降、油门打开程度自主调节及危险时刻遥控关闭的多特点多现代化功能集成在一起，直线导航追踪精度小于 5 cm，自动对行精度小于 10 cm，前轮的转向精确性及误差性不超过一度，达到了农机自主控制、精确播撒、施放肥料、起垄、灌溉等，有效增加了农业作业的智能化，进而达到精准农业。但是我国现代农机信息化、智能化、自动化、科技化水平还不够，仍旧需要不间断的去增加农机的智能化水平，进而达到我国的农机可以无人驾驶。如今，我国研发的自动导航农机通过多次现场反复试验，再分析改进算法及硬件试验平台，现在自动导航精度达到 4 cm，靠近国外较高层次，并随着"北斗卫星导航系统"覆盖面的持续扩大，能够最大限度减少成本，十分有利于我国农机自动导航的研究和真正自动导航产品的研发及走上实际应用的步伐。

精准农业国内靠引进、消化、吸收及改进。前几年，国内引进 GPS 自动导航及驾驶系统，很多大型农业机构都在使用。近十年，本国农业机械化水平大力发展。伴随传统农业向现代智能农业转变，农机可监控及调度技术需求量大量增加。2011 年，西安农机总站 90% 的农机安装了 GPS 导航系统。2012 年，新疆 50%采棉机都装有 GPS 监控终端。

第二节 农机导航技术的发展趋势

一、农业发展趋势

精准农业技术是将来的农业发展方向的大势所趋，是一个把科技导航、定位、定量等作为基础的农业，它使用全球卫星导航系统(GNSS)、地理信息系统(GIS)、传感器与设备监控、中央控制器与转向操控设备，自动导航农机(IAM)是精准农业核心技术。智能化农机首先采用GNSS卫星接收机达到精准位置检测，其次基于农田的电子图生成的智能控制软件，针对田地的不同区域具有的不同差异自主的执行分布式操作。研究和发展本国的精准农业技术，促进本国智能化、自动化及先进化农业快速向前，乃我国农业赶超世界的当务之急，需要各方力量大力支持以及投入。GNSS导航系统和地面设备相结合应用到施肥方面的应用正在迅速发展，商家也迅速采用这类工具。根据2007年的调查显示，这些调查源自于提供这种自定义应用程序的商家，82%的应用者至少在施肥或化学品这方面利用手动控制(manual-control)或者光靶(lightbar guidance)的GNSS导航系统。29%至少在一些自定义应用程序中利用GNSS自动控制导航系统或自动转向控制导航系统。平均而言，所有自定义应用材料，57%是应用GNSS警示灯，12%采用GNSS汽车转向。GNSS导航已成为美国航空喷头的标准做法。作物生产商也开始采用这些系统，因为GNSS导航是提高精度、速度和均匀性的很好方式。自动化、智能化、信息化是当今世界农业机械化发展的指向标。无人导航技术使农机操作人员从繁忙复杂的操作中解放出来，大大增加了农业机械的工作效率，降低了因人疲劳而带来的工作失误及误差。农业解决方案是农民快速轻松地完成日常规划、决策和整体策略，节省投入成本，提高作物的性能和生产力。这些导航系统可以分为三类：①亚米等级精度；②分米等级精度；③厘米等级精度。

二、农业机械化未来的发展

当今我国农业机械化程度和国外一些国家相比有不小的距离需要赶超，用发展的眼光看，我国的农业机械化水平目前是到达了中等阶段，正在为跨入高等阶段做基础。由于我国经济实力连续增长，传统农业势必会跨入智能化现代农业，农业基础设施建设自然而然会不断加大投资，农村多余的劳动力向工厂转入的步伐也会跟着扩大，农民不再忙于复杂繁忙的农田工作的现象也会越来越普遍，家家种地的现象将会不复存在，进而变成大农场式的经营模式，农场主承包万亩农田，这样就会对大型农业机械的需求量变大，也增加了国内传统农业跨入现代农业的步伐，进而国内的农机化水平会大步伐的前进，农机化发展的大氛围不断改善，对大型农机的需求量将会持续扩大。我国特色农业的趋势、低污染的农业及高效率的大型农机需求也变得越来越大，农机的升级换代需求强劲。

第三节　农机导航技术装备

一、农机转向系统

转向控制系统是拖拉机行走控制系统的重要组成部分，关乎行车安全，影响行走精度。可以通过在拖拉机液压转向系统中加入电控转向阀，并利用车载控制器(ECU)实现车辆按照预定路线自动行驶。在手动驾驶模式下可以由驾驶员操控，操控方式与普通拖拉机相同；在自动驾驶模式下，车载 ECU 通过卫星定位天线、传感器等可以计算出行驶路线，并判断路径的准确性，发出指令控制液压转向阀，改变拖拉机前进方向，使之按照预定轨迹行进，实现自动驾驶。自动驾驶的农机位置是通过卫星定位来实现的，关于卫星定位技术第一章已经讲述，这里不再赘述，下面介绍其他装备。

(一)液压动力转向系统

为了减轻驾驶员的疲劳强度，改善转向系统的技术性能，目前拖拉机上广泛采用液压动力转向。转向时，小部分动力来自驾驶者本身，大部分动力来自液压泵提供的液压能。液压动力转向可分为液压助力转向和全液压转向两种。液压助力转向是采用机械式转向器和液压助力系统进行配合，来完成转向操作的方式；全液压转向系统中，由液压转向器代替了机械式转向器，并用软管与转向油缸连接。

(二)自动驾驶农机转向系统

转向控制系统是自动驾驶系统的核心，系统根据传感器信号、GNSS 卫星定位坐标，经过控制器内部进行计算，实时向转向控制系统发送指令，通过控制车辆的液压转向系统来控制车辆行进方向，确保车辆按照导航显示器设定的路线行进，并将作业误差控制在一定范围内。目前，自动驾驶拖拉机的转向控制方案分为液压控制和方向盘电机控制两种，针对这两种方案的原理和优缺点，我们做如下介绍。

1. 方向盘方案

方向盘方案是在方向盘上加装一个小电机，通过电机的转动来驱动方向盘的转动，使车辆转向，如图 3-1 所示。方向盘电机是控制车辆自动驾驶的关键部件，控制器在接收 GNSS 定位信息及相关传感器信息之后，识别车辆当前作业状态，通过内部整合计算，进而向方向盘电机发出控制指令，通过方向盘齿轮转动来实时控制车辆行驶方向，实现自动驾驶。

图 3-1　方向盘电机

方向盘方案有如下特点：

(1)易于安装，2 h 即可完成整车的安装改造，且不需要去除原有的方向盘。

(2)可移植性强,系统在几分钟之内即可在车辆间进行切换。

(3)采用高扭矩齿轮传动,操作噪声小。

(4)实时控制精度小于 5 cm。

(5)相对于液压控制方案,其使用年限较短。

2. 液压控制方案

液压控制方案是在车辆原有的手动液压转向系统上并联一套电液转向系统,如图 3-2 所示,通过控制比例换向阀,调整转向轮的方向,使车辆实现自动转向。

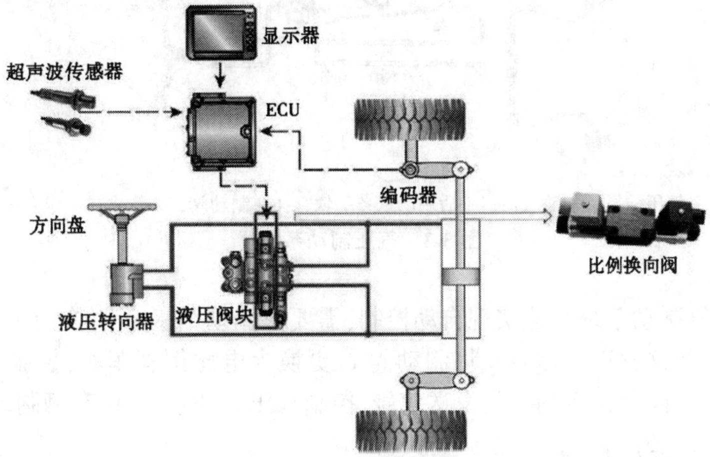

图 3-2 液压控制方案

液压控制方案由角度传感器、显示器、北斗卫星高精度接收机、控制器、液压阀块等组成。控制车辆自动行驶的关键部件是电比例换向阀,将液压阀块并联进原有拖拉机的转向回路中 ,通过比例换向阀的得电与失电来实现对车辆转向的控制。编码器实时采集车辆前轮的转向信息并传输至控制器,控制器在接收 GNSS 定位信息和角度信息后,通过内部整合计算,向比例换向阀发出控制指令,从而实现对车辆的转向控制,达到自动驾驶的目的。

液压控制方案有如下几个特点:

(1)液压控制转向具有灵敏的方向控制力。

(2)液压控制的作业精度为机械式的 2~3 倍。

(3)液压元件不易损坏。

(4)液压使用寿命长。

(5)液压控制系统安装调试比较费时费力,车辆之间不易相互转换。

(三)制动系统

拖拉机工作时有时会拖挂农具,在乡间行驶时路况通常不好,如果没有可靠的制动系统,造成安全事故的概率要高于普通汽车。采用气压制动操纵轻便,制动平顺,但系统构造复杂,成本较高。

气压制动系统组成如图 3-3 所示,空气压缩机 2 在发动机喷油泵齿轮组的带动下产生压缩空气,并将压缩空气输送进储气筒 3 储存,储气筒 3 上设置有压力释放阀,防止储气筒内压力过高。制动时,由制动踏板 9 操纵制动阀 6,储气筒中的压力空气进入空气加力泵(图中未画出)中,空气加力泵在气压力的作用下,将油杯中的制动液压向通往各轮制动器的管路,制动液进入各制动室,车辆开始制动或停止。松开刹车踏板时,制动阀 6 切断通往空气加力泵的通路,并使空气加力泵与大气接通,在制动器弹簧力的作用下,空气加力泵回到初始位置。

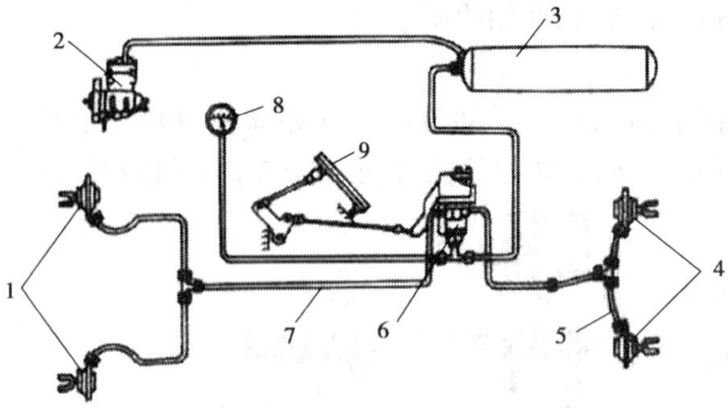

1—前制动室;2—空气压缩机;3—储气筒;4—后制动室;5—软管;6—制动阀;7—气管;8—压力表;9—制动踏板

图 3-3 气压制动系统

为了使拖拉机制动系统也能实现自动控制,需要将制动踏板 9 更换为一个电子刹车踏板,踩下后会向控制器发送电信号。将制动阀 6 更换为电比例刹车阀,控制器收到电子刹车踏板的信号后,会向电比例刹车阀发送信号,控制气压制动系统,使车辆制动。

二、农机转向系统硬件组成

(一)定量液压泵

定量液压泵为系统提供液压动力源,将发动机的机械能转换为液压能,除驱动转向液压缸外,还可以通过多路阀来驱动拖拉机农具的动作,完成翻地、耙地、旋耕、起垄、播种、喷药、收割等作业。

(二)全液压转向器

液压转向器的作用是:增大转向盘传到转向传动机构的力和改变力的传递方向。广泛应用于农业机械、林业机械、工程机械等低速重载车辆上。操作人员可以在压力油的帮助下,用较小的人力来控制较大的车辆转向力,并且操纵轻便、转向灵敏、可靠性高,液压油还可以起到一定润滑作用,减少磨损,增加转向器的使用寿命。全液压转向器还具有一定的传动可逆性,使驾驶员有“路感”。

(三)优先阀

在拖拉机工作过程当中,液压泵输出的流量除提供给转向系统外,有时还要驱动农具进行农业作业,如果转向油缸和农具同时动作,可能会造成流量不足或者由于负载不同而导致流量分配不均,会导致农机无法正常工作甚至造成事故。为避免这种情况出现,需要在系统中加入优先阀,优先阀的作用是:在转向系统及其他动作系统同时需要流量时,优先向转向系统提供流量。

(四)控制器和显示器

这里以市场常用的 ECU-S1 控制器和显示器(见图 3-4、图 3-5)为例做介绍。

ECU-S1 控制单元设计有四个 LED 灯,它可以用来帮助确定 ECU-S1 系统的状态及提供一些基本的故障诊断信息。ECU-S1 控制单元与 ECU-S1 显示器配套使用,可以在 ECU-

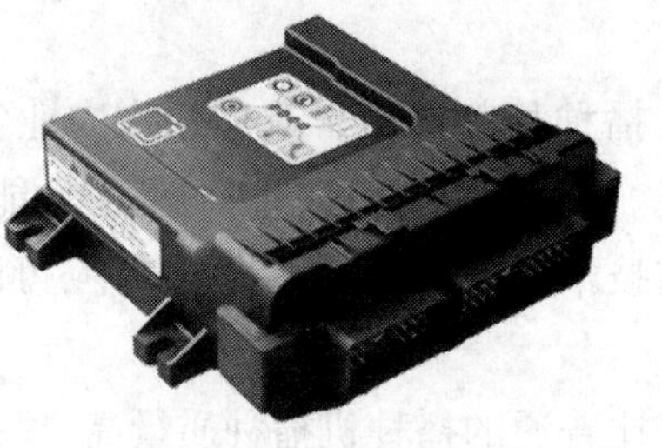

图 3-4　电子控制单元

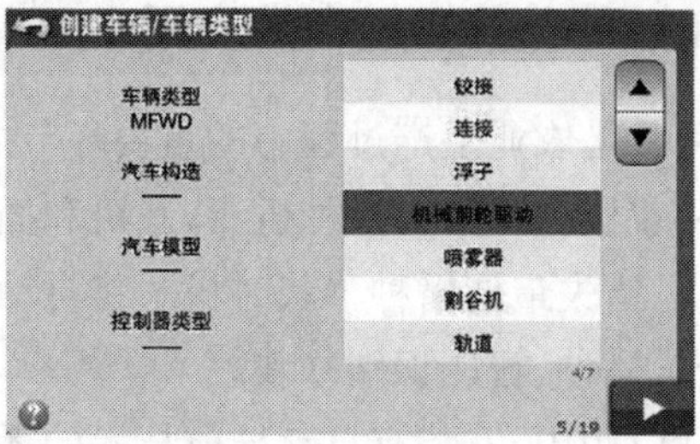

图 3-5　显示器界面

S1 显示器上输入车辆类型、生产厂家、车辆轴距、天线安装位置、农具的宽度、行驶路径等信息。电气线路连接完毕之后，可以通过显示器对各个传感器（压力传感器、转角传感器、速度传感器等）、电控阀进行校准。

应用此电子控制单元还可以实现手动和自动驾驶的转换。转换手动转向指的是用传感器检测驾驶员何时以手动方式转动方向盘。该自动驾驶系统需要知道何时停止自动驾驶，当司机要手动接管方向盘。该自动驾驶系统可以通过一个压力传感器、流量开关、转向编码器、电阻或其他方法检测到信号。屏幕可显示传感器的状态，并允许用户调整传感器的灵敏度。

第四节　农机自动导航控制技术的应用

在农业生产的耕、种、播、收、打药、施肥工作中，自动导航农机可以提供准确的定时、定位。为施肥、打药、收获的自动化和数字化提供保障。

一、在土地整备机械中的应用

土地是作物生长的根基，土地整备是农业生产的首要环节，该环节的效率和精度直接影响着下一环节的进行。机械的使用将会提高工作效率，土地整备机械主要有拖拉机、耕地机、平地机、施肥机等。传统的土地整备机械需要具有一个较高水平的驾驶员来操作，作业效率和作业质量不高。将自动导航技术引入土地整备机械中，可以实现无人驾驶，进行自动导航和测量地形起伏状况。

在实际应用中，GNSS 导航技术通过全球定位系统提供实时的农机位置信息，引导拖拉机和耕地机按照设置好的优化路线安全、准确地进行田间作业，从而减少重复作业区和遗漏作业区的面积。接茬精度可控制在 1～2 cm，农艺作业质量高，土地利用率高，大大减少了农作物生产成本投入增加了经济效益。卫星导航技术引入平地机中，实现了不受天气和地势的影响，连续 24 h 作业，大大提高了作业效率和作业质量。在施肥机中的应用，根据相关传感器收集的农田内的土壤墒情，实现肥量动态调控，进而实现变量施肥。

自动导航技术在土地整备机械中的应用，实现了无人驾驶拖拉机、变量施肥，提高了工作效率和作业质量，降低了农机操作人员的工作强度，促进了土地整备机械向高效率和高精度方向发展。

二、在播种移栽机械中的应用

播种移栽是农业生产过程中的重要环节之一,播种移栽机械普遍应用在农业实际生产中。播种移栽机械主要有播种机、移栽机和插秧机。传统的播种移栽机械适应性能差,工作效率不高,易错失最佳播种移栽时机。将自动导航技术应用在播种移栽机械中,可以实现精密播种、变量播种、智能识别移栽。

在实际应用中,安装有自动导航技术的播种机比普通的播种机播种质量高,提高了排种器的检测精度;将自动导航技术中的机器视觉智能识别系统应用在移栽机中可以实现智能识别健壮苗、空穴,从而进行精准移栽。通过对比分析 GNSS 采集记录插秧机自动导航作业与驾驶员人工作业时的数据,条田作业 1 000 m 播行垂直误差小于 2 cm,因为播行直,行间距、株距精确可控,避免了重播和漏播,为后期变量施肥、精准打药作业奠定物质基础,提高机械收获作业的采净率,降低成本,提高经济效益。结果表明安装有自动导航系统的插秧机的作业精度及稳定性比人工驾驶的高。

自动导航技术在播种移栽机械中的应用,实现了精密播种、变量播种、智能识别移栽,提高了机械的工作性能和播种移栽质量,促进了播种移栽机械向高速和精准方向发展。

三、在田间管理机械中的应用

田间管理是农业生产过程中不可或缺的环节,是保证作物正常生长、确保农业丰产丰收的重要措施之一。传统的田间管理主要为人工直接参与管理,大面积的灌溉与施肥施药困难、劳动强度大,常会出现同一块区域施肥时间不一致、不均匀的情况。随着现代农业的发展需要,各类田间管理机械也相继出现。目前,田间管理机械主要有植保机、除草机、灌溉施肥机、无人机施药等。自动导航技术与田间管理机械相融合,可以实现智能除草、精准施肥施药。自动导航技术中的机器视觉技术应用在植保机中可以智能识别农田中的病虫害和杂草,定点对靶施药,减少农药投放。无人机施药多机协同与多目标分配,能够实现智能导航与避障,24 h 连续作业,大大提高了工作效率。在拖拉机上安装自动导航系统,可以实现对小麦的精准对行,达到精量控制追肥量的目的。GNSS 与智能化的灌溉设备配套,还可实现精准灌溉作业,节省水资源,提高灌溉效益。将自动导航技术引入田间管理机械中,明显提高了生产效率,极大地解放了劳动力,有效地促进了农业现代化、农机智能化的发展。

四、在采摘收获机械中的应用

随着现代农业的发展,采摘收获机械相继出现,根据作物特点有叶菜收获机、根茎类果蔬收获机、球果类收获机、水生果蔬收获机等。采摘机械不仅可以提高采摘效率,而且可以降低损伤率,提高经济效益。随着自动导航技术的快速发展,其多被应用在果蔬采摘收获机械中,特别是在采摘机器人中的应用,通过视觉识别系统对目标物进行圈定,从而将目标物从背景图中分离出来,从而快速、无损和准确地采摘,从而大大提高采摘速度和质量。随着自动导航技术的不断成熟,基于机器视觉的自动采摘机,可以智能识别目标物和精准定位,从而实现快速、无损伤采摘,成功率高。

自动导航技术在采摘收获机械中的应用，使采摘机械提高了采摘效率和采摘质量，降低了损伤率，节省了人工成本，提高了果农的经济效益，促进了采摘收获机械向高效、低损和智能化方向发展。

第五节　农机自动导航系统应用案例

这里以拓普康自动导航和驾驶系统（X25 控制面板）为例来讲解农机自动导航系统的作业应用方法。

一、控制面板概述

（一）控制面板的启动与重置

将控制面板连接至电源，确保连接关联的设备，例如 GNSS 全球定位系统和 ECU 电子控制装置等。按住控制面板背面的绿色开/关按钮数秒钟，如图 3-6 所示，启动控制面板。

图 3-6　开关按钮

要更改控制面板上的语言，可以选择图 3-7 所示的左侧按钮，用滚动条或用手指向下滑动列表，以查看更多语言。此时将以所选择的语言显示警告屏幕。点击确认所做的选择，此时将以所选择的语言显示警告屏幕。

阅读警告屏幕并滚动到屏幕底部。如果同意，则选择“是”，进入系统。如果控制面板显示如图 3-8 所示的警告，通过向下拖动窗口，可显示某些警告的详细信息。要解除警告，可在警告窗口的中央位置按一下鼠标按钮，确认 GNSS 接收机已正确连接且正在通信。

（二）控制面板工具栏

从屏幕底部向上划，可显示控制面板工具栏，如图 3-9 所示，选择关闭图标。系统将询问您是否要关闭。选择“是”关闭，选择“否”则继续工作。

控制面板工具栏中各工具功能如下：

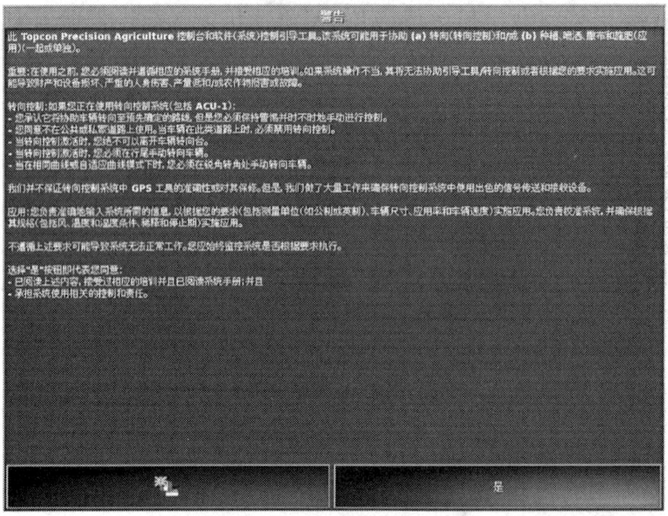

图 3-7　语言选择界面

图 3-8　警告界面

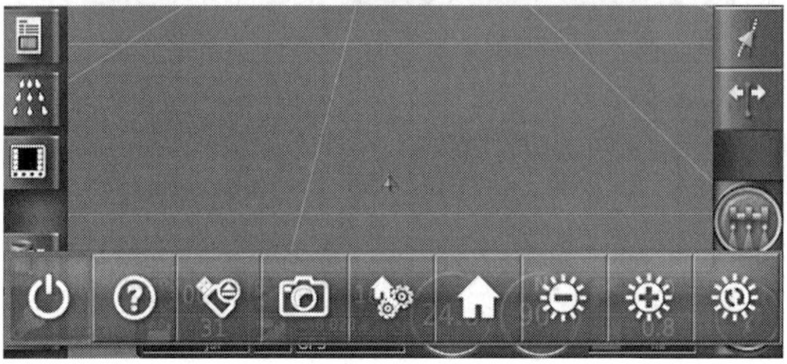

图 3-9　控制面板工具栏

关闭电源按钮，可用于关闭控制面板。

帮助提示按钮，触摸屏幕底部的“帮助”图标，在屏幕上的图标旁出现问号。选择显示问号的图标，以查看名称。

USB 端口，USB 端口位于控制面板的背面。它可用于将数据导入控制面板及从控制面板导出数据。拔下 USB 之前，先触摸 USB 弹出图标以断开 USB 连接。屏幕将显示一条可安全拔下 USB 的消息。

屏幕截图，使用屏幕截图图标进行屏幕截图，图片存储在 USB 中。

管理全局主屏幕，在“操作”屏幕上显示/隐藏所需的视图，然后选择保存主屏幕以保存该布局。

转到主屏幕，显示已保存的全局主屏幕列表，或在已保存的屏幕之间进行切换。

亮度控制，用于调整显示屏的亮度。使用加号或减号来调整显示屏亮度。

日间/夜间模式，用于更改显示屏的亮度。设置为日间、夜间和自动，自动亮度模式将根据光线情况自动设置亮度。

二、用户界面

（一）设置屏幕和操作屏幕之间的切换

控制面板有两个主屏幕："设置"屏幕如图 3-10 所示，"操作"屏幕如图 3-11 所示。

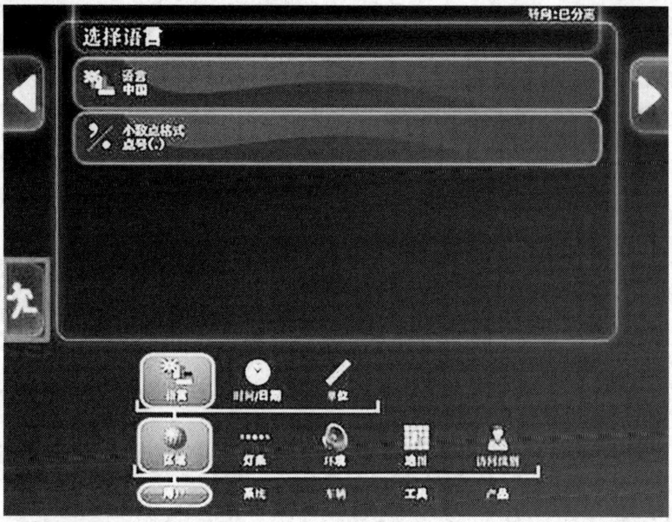

图 3-10　设置屏幕

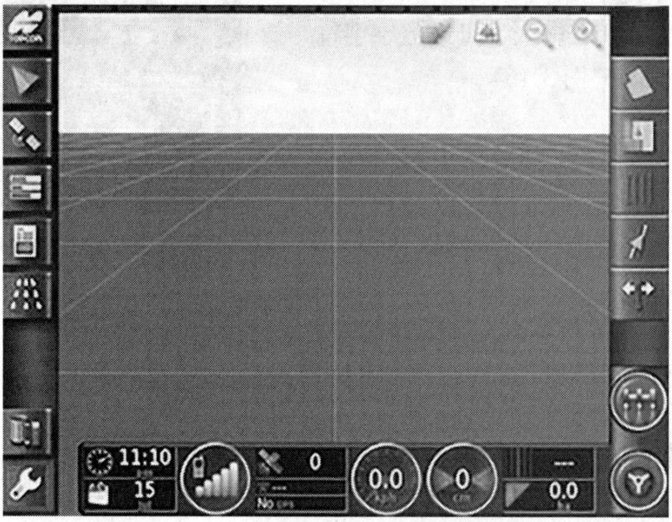

图 3-11　操作屏幕

（二）设置屏幕

设置屏幕菜单如图 3-12 所示。

可以从屏幕底部选择菜单项，以显示下一级别的子选项。当启用功能时，菜单中可能会出现更多菜单项。

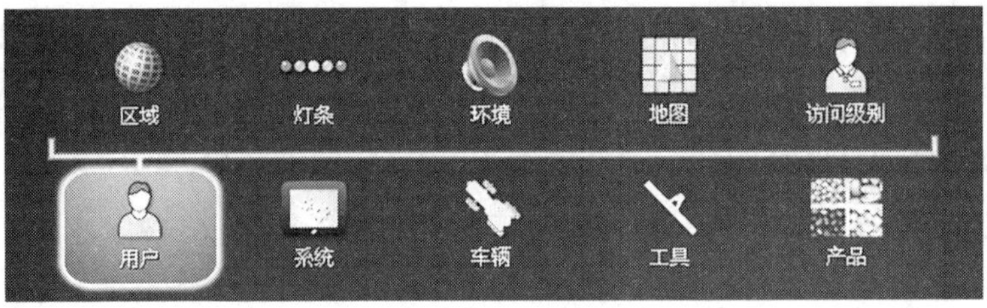

图 3-12　设置屏幕菜单

1. 选项列表

选择菜单项通常会在屏幕顶部显示选项列表。当启用功能时,可能会出现更多选项,如图 3-13 为时间设置。

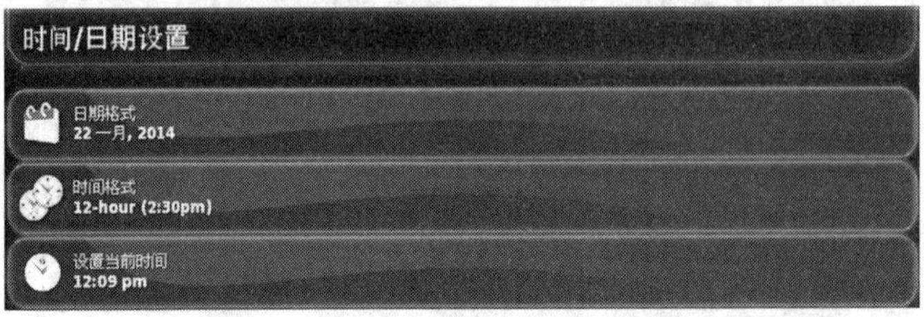

图 3-13　时间设置

2. 选择列表

选择列表用于从列表中选择一个或多个项目,如图 3-14 所示。如果选择多个项目,则会显示一则消息,必须使用对钩按钮确认选择。

3. 字母和数字键盘

字母和数字键盘用于输入字母或数字字符之间的切换(见图 3-15、图 3-16)。

4. 向导

通过回答一系列问题,向导用于指导操作人员完成复杂的系统配置,如图 3-17 所示。操作人员提供的答案将确定哪些问题随之而来。

图 3-14　选择列表

(三)操作界面

操作界面如图 3-18 所示。

a—导航栏:打开迷你视图以访问系统的其他部分。

b—库存管理器:管理车辆、工具、场、作业、导航线等。

c—设置屏幕:切换到“设置”屏幕。

d—查看控件:允许用户控制导航地图上的显示内容及显示方式。

e—导航工具栏:提供用于控制导航的工具。

f—主开关:如果您在工具设置期间启用了“虚拟主开关”,则该主开关可打开和关闭产品应用。

g—自动转向接合:打开和关闭自动转向。

h—仪表盘:从系统提供的信息中选择,可在屏幕下方进行实时监控。

图 3-15　字母和数字键盘

图 3-16　数字键盘

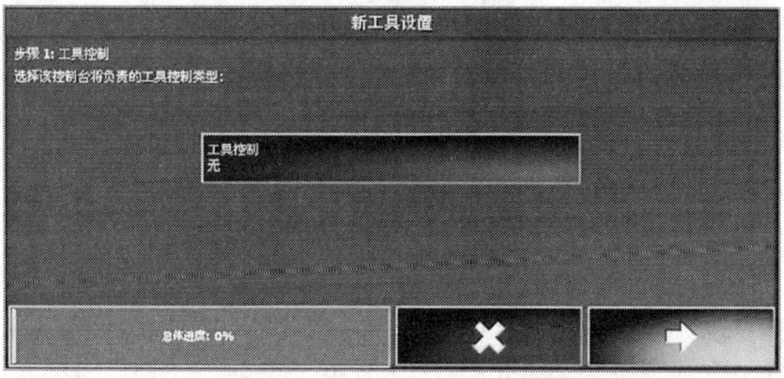

图 3-17　向导界面

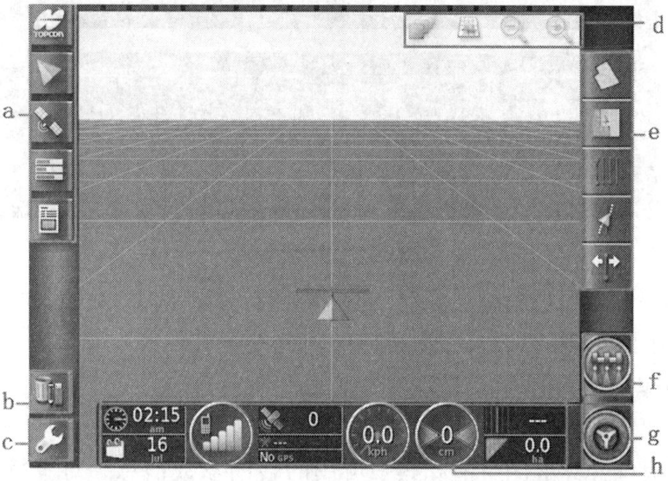

图 3-18　操作界面

三、车辆设置

如果控制面板用在一辆以上的车辆上,则必须设置一个以上的车辆配置文件。本部分介绍如何设置和访问有关安装控制面板车辆的配置文件信息。点击设置屏幕菜单中的“车辆”,则显示如图 3-19 所示。

图 3-19　车辆菜单选项

选择:从先前创建的配置文件中选择车辆。

新建:创建新的车辆配置文件。注意,如果尚未设置车辆,则“选择”和“新建”是此菜单上提供的仅有的两个选项。

几何:设置车辆测量值,以便导航可以准确工作。

转向:控制车辆响应导航的方式。

天线:设置 GPS 接收机使用内置天线还是外置天线。

(一)选择车辆

从先前定义的车辆配置文件列表中选择车辆。首次使用控制面板时,这里是空白的。

(1)选择车辆。点选“选择”,则如图 3-20 所示。

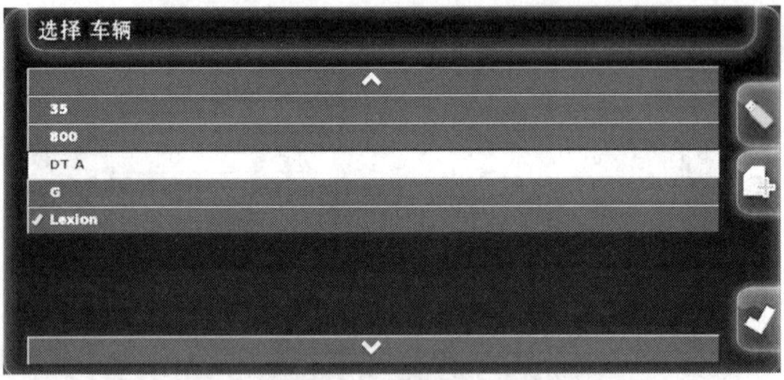

图 3-20　选择车辆

(2)点选所需的车辆并确认。或者点选右侧图标选择从 USB 导入车辆配置文件,或者选择创建突出显示的车辆的副本,然后可以编辑此配置文件。

(二)创建新车辆

创建新车辆配置文件,点选车辆菜单中的新建,如图 3-21 所示。显示预定义的工厂车辆模块列表。模板包含标准测量值和其中可用的转向参数信息。对于特定车辆、轮胎尺寸等测量值也可以在后面各节中的几何尺寸中进行调整。

选择车辆制造商。使用滚动条查看完整的列表。如果所需的制造商不存在,请选择与使用的车辆最接近的品牌。如果没有合适的选项,请选择其他,并转至自定义车辆。要更改名称,选择车辆名称,输入该名称并确认。

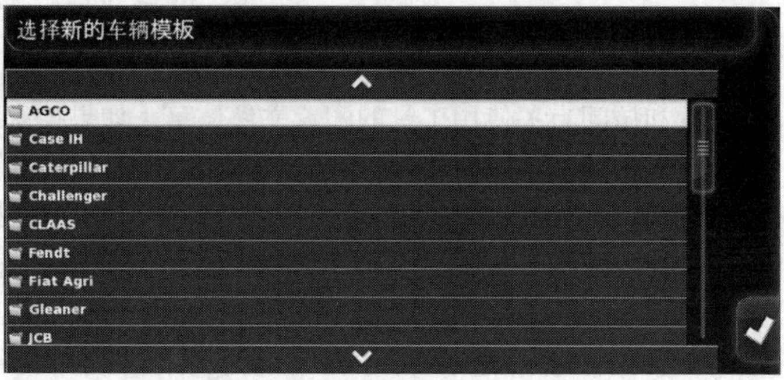

图 3-21　新建车辆

(三)设置车辆几何尺寸

设置车辆测量值,以便导航可以准确工作。尽可能准确地测量车辆尺寸。建议误差为±5 cm。设置车辆几何尺寸流程如下:

(1)选择车辆/几何尺寸。或者在创建或选择车辆时,车辆几何尺寸屏幕会自动显示,如图 3-22 所示。

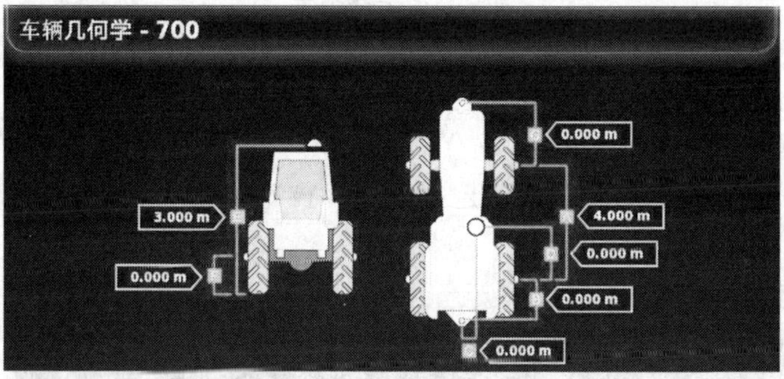

图 3-22　设置车辆几何尺寸

(2)选择车辆尺寸。尺寸名称将显示在标题栏中。要求的尺寸将随所选车辆类型而变化。

(3)需要时添加或调整尺寸并确认。以下列出了系统中常用的主要测量值:

轴距:从前轴中心到后轴中心的距离。

工具牵引点:从后轴中心到牵引点的距离。

GPS 偏移:GPS 接收机相对于轴中点向左或向右的偏移。如果接收机偏向轴中点的右侧,则为正数;如果接收机偏向左侧,则为负数。即“左负右正”。

GPS 天线:接收机距后轴中心的水平距离。当接收机处于后轴前部时为正数;当处于后轴后部时为负数。

轴高:轴距离地面的高度。

GPS 高度:GPS 接收机顶部距离地面的高度。

前端连接:从前轴中心到前端连接位置的距离。

航线间距:这仅适用于履带式车辆,并且是指轨迹之间的距离。

关节点:这仅适用于挂接式车辆,并且是指从后轴至车辆关节支轴点的距离。

四、工具设置

本部分介绍如何设置和访问有关使用工具的配置文件信息。如果控制面板将与多个工具配合使用,必须设置多个工具配置文件。以下信息详细描述如何设置非受控工具,以获得正确的收割宽度路径或准线。这允许创建覆盖地图,并为自动转向和指导提供路线。以下设置仅用于自动导航和转向的工具。注意,“工具”菜单上显示的选项将随着所创建/选定的工具而异。

如果尚未创建任何工具,工具菜单选项将提供以下菜单项,如图 3-23 所示。

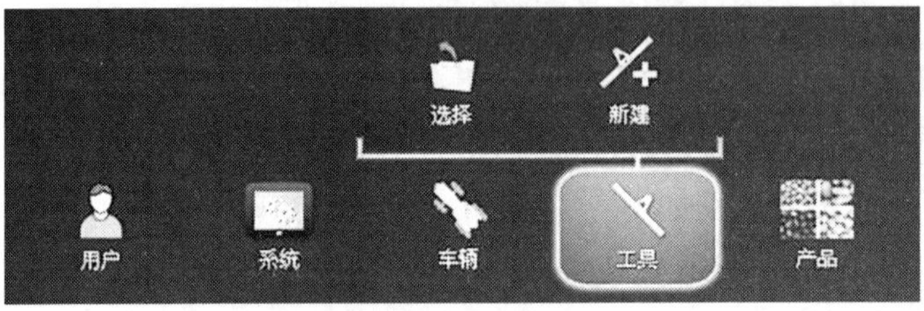

图 3-23　工具菜单

选择:从先前创建的配置文件中选择工具。如果您尚未创建工具,则此列表是空白的。

新建:创建新工具配置文件。

(一)选择工具

从先前定义的工具配置文件列表中选择工具。首次使用控制台时,这里是空白的。当更改工具时,系统将重新启动。

(1)选择,选择工具如图 3-24 所示。

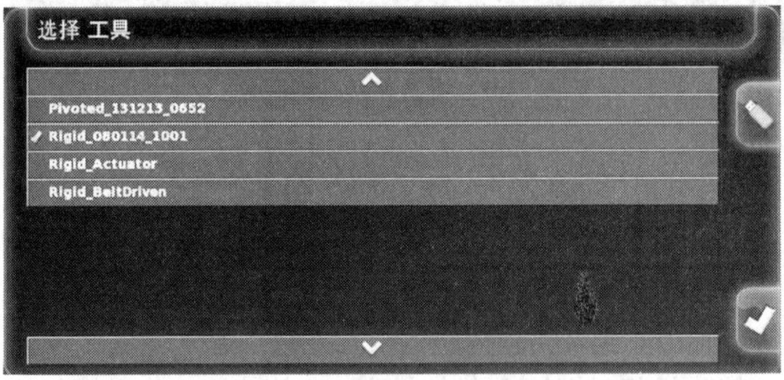

图 3-24　选择工具

(2)突出显示所需的工具并确认,或者选择从 USB 中导入工具配置文件。

(二)设置新工具

选择工具/新建如图 3-25 所示。“自定义”,新建工具配置文件;“出厂”,从预先定义的列表中选择工具模板。

五、准线菜单

准线用于指示车辆为获得最佳覆盖范围而应行驶的路径。系统将使用工具宽度在农田地块上设置间距均匀的线。在国内使用最多的准线类型为 *AB* 直线准线。

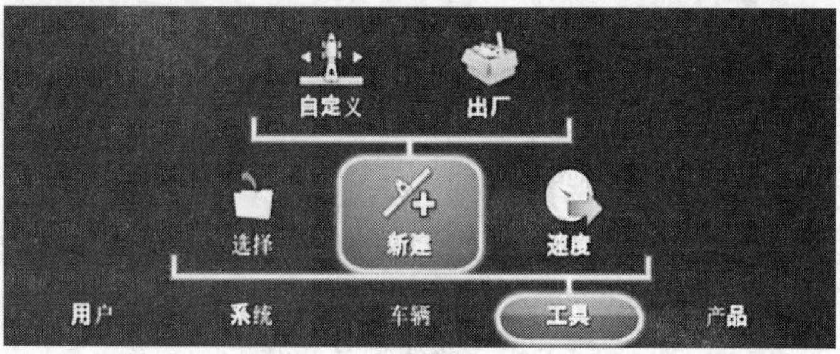

图 3-25　设置新工具

(一)使用直线准线

此选项为导航创建平行线,利用工具的宽度设置准线的间距。作业一般以直线方式进行,用户应该在地块边界线附近设置 AB 线,且 AB 点的距离尽量远。这可使整个作业区域的线间距均匀准确。其流程如下:

(1)将车辆停放在合适位置。

(2)选择准线菜单,选择 AB 线。

(3)要设置 AB 线,请选择创建新 AB 线。

(4)若要更改默认名称,请选择准线名称。

(5)输入名称并确认。确认新准线。

(6)行驶至准线的起点。选择设置 A 点。

(7)设置 B 点前,请沿着所要求的收割宽度一直行驶,然后选择。B 点将出现,且屏幕上将显示用于转向的平行准线。大多数情况下,屏幕将显示所行驶的线路和两条相邻的线路共三条准线。要查看整个场地的所有准线,请在屏幕顶部选择　然后选择线数量。

(二)手动设置 AB 线

也可使用坐标手动设置 AB 线。操作流程如下:

(1)选择准线菜单/手动 AB 线。将显示"手动 AB 线"屏幕。

(2)通过下列方式之一设置 A 点:

行驶至所需位置并选择。

输入 B 点的坐标纬度/经度。

输入 AB 线的方向。软件将自动放置 B 点以在相对 A 点的所需方向上创建 AB 线。

要清除准线,请选择。

(三)使用相同曲线准线

一些地块不是长方形的,而是具有弯曲或某种形状的边界。这种情况下,相同曲线是准线的最佳选择。按照地块边界进行导航及将此准线用于未来的操作,这都是很有用的。相同曲线可使操作员设置相同准线,并且系统将基于农具宽幅在地块中创建等距的准线。操作流程如下:

(1)将车辆行驶到合适位置。

(2)选择准线菜单, 更改导航模式,选择相同曲线。

(3)选择新建相同曲线。

(4)选择准线名称。

(5)如果需要,输入名称并确认。确认新准线。

(6)行驶至收割宽度的起点。选择“设置 A 点”。

(7)沿着弯曲的收割宽度行驶。地图上车辆的后方将显示一条黑线,指示正在记录的曲线。

(8)在收割宽度的末端,选择以指示曲线记录的结束。

(四)选择现有准线

一旦创建地块内准线,就会存储它们并在将来该地块作业时使用。使用流程如下:

(1)从准线菜单中,选择所需的准线模式,然后选择选择准线。

(2)选择客户端、服务器场和地块。现有准线的设置将显示。

(3)选择所需的准线设置并确认。

六、自动驾驶

转向选项菜单允许操作员设置自动转向选项。要使用该功能,必须将其启用。如果尚未将其启用,请参阅导航设置以启用自动转向。另外,在使用前需要校准转向。

(一)自动转向状态

“自动转向状态”允许操作员查看自动转向所需条件的状态。红色表示条件不满足、转向尚未准备就绪。准备工作包括:

(1)查看自动转向的状态。选择转向选项菜单,自动转向状态。此时将显示“转向状态”屏幕。绿色表示项目已准备就绪。红色表示项目尚未准备就绪。通过选择位于屏幕左下角的转向警告按钮,可以显示转向警告。各项错误显示及排除方法如表 3-1 所示。

(2)自动转向的状态设置完毕后,选择返回主屏幕,并完成必要的操作,按照从屏幕顶部到底部的顺序解决所显示的问题。

(二)接合自动转向

使用自动转向前,必须做好以下设置:

(1)已确认存在准线。

(2)已在控制面板上启用自动转向。

(3)转向已校准。

(4)已确认所有转向状态项为绿色。

(5)已设置自动转向微调以适合任务和车辆类型。

(6)已将车辆安置在所需的起点。

以上设置完毕后,可通过以下流程设置结合自动转向:

(1)在屏幕上缩放并平移,直到车辆位于屏幕中央且大小适合查看。如果使用 AES-25 电动方向盘,应打开 AES-25 电动方向盘并转动方向盘 1/4 圈以启用自动转向。

(2)确认自动转向接合显示为白色(白色代表自动转向准备就绪)。

表 3-1 转向故障排除方法

错误提示	操作
自动转向接合显示为红色	自动转向接合显示红色。自动转向未接合。选择“自动转向接合”出现“转向状态”面板。面板上的红色表示该项未正常工作
接收机硬件显示红色	接收机是否连接正确、安装牢固并打开
差分校正显示红色	确认控制面板中的设置符合校正源要求
位置准确度显示红色	等待获得差分信号。请查看仪表盘上的卫星图标是什么颜色,图标附近显示了多少颗卫星。至少需要 4 颗可用卫星。请查看校正源是否正确。如果不正确,请选择合适的校正源。您是否处于远离电力线的空旷位置,驾驶至空旷位置并等待获得差分信号
转向控制器显示红色	确认控制器已连接并打开。确认在设置过程中已选择正确的转向控制器。 如果使用 AES-25,则将 AES-25 关闭电源并重新打开电源,然后将方向盘转动 1/4 圈从而启用转向
车辆几何形状显红色	返回至“设置车辆几何形状”,并正确地重置尺寸或重新选择车辆配置文件
车辆配置文件显示红色	查看已选择的车辆和几何形状
校准后的转向显示红色	确认此车辆已经过校准。驾驶至一个远离电力线和障碍物的空旷位置,重启并重复校准
可用路线显示红色	驾驶到更靠近该路线(准线)的位置,确认已创建并选择了准线
速度显示红色	将速度调整为 1~25 km/h。所需的速度可能因车辆而异
方向错误显示红色	检查车辆靠近准线行驶时的角度或者降低车辆速度

(3)解决在转向状态面板上显示为红色的任何问题,按照从屏幕顶部到底部的顺序解决所显示的问题。当自动转向接合显示为白色时,自动转向已准备就绪可进行接合。

(4)缓慢朝所需方向行驶以贴合准线。

(5)选择自动转向接合。它将变为绿色。车辆会转向最近的准线。

(6)如果过猛地转向准线,应停止并断开自动接合,然后在转向选项菜单上调整自动转向微调参数。

(三)断开自动转向

必要条件(将显示在转向状态屏幕上)不再满足时,自动转向将自动断开。若需手动断开自动转向,进行如下操作:

(1)将方向盘转动几度。

(2)选择控制面板上的自动转向接合按钮以便断开转向。

(3)刹车直至车辆停下车速变为零。

(4)如果使用外部转向开关,则利用开关断开转向。

注意:离开车辆前,应断开自动转向、关闭转向开关并取下钥匙。

第四章　平地技术及应用

第一节　平地技术概述

我国作为世界上最大的发展中国家和传统的农业大国，农业用水占全国用水的75.2%，其中农业灌溉用水在农业用水中占很大的比重，我国农业灌溉主要以地面灌溉为主，灌溉面积约0.467亿 hm^2(2000年)，占全国总灌溉面积的85%以上。然而，农业表面灌溉状况差和灌溉管理粗放等问题，造成深沉渗透、积水、跑水等情况，浪费了近1/3的农业地面灌溉水，显著影响灌溉水的利用率。未来相当长的时间内，地面灌溉仍是我国农业灌溉的主要方法，因此改善农田基本状况，提高农业灌溉水利用率对促进我国节水农业的发展具有重要意义。

改善地面灌溉的基础和关键是大规模提高土地平整精度。土地平整方法通常分为常规平地和精细平地两种。常规平地主要采用推土机、铲运机和刮平机在地面起伏大、平整度较差的田面粗平，平整精度较低，平整后的土地仍不能满足灌溉要求，田间地面的平整程度将影响地面灌溉条件下的灌溉水利用率和灌溉水分布匀度，以致影响灌水质量。精细平整的水田可以保证农田水层深浅一致，节省农业用水；可以提高农药、化肥和除草剂的使用效率，减少农药、化肥和除草剂的使用量，促进农业可持续发展。对于水田，若田间地面平整，可达到"寸水不漏泥"，使作物在各阶段生长都能得到最佳水层、水温，可提高作物产量。水稻生产过程中，水田精细平地技术是保证水稻高产、稳产的重要措施，在水稻生产中运用水田平地技术对节约灌溉用水、抑制杂草生长、提高水稻产量、减少生产成本等具有重要的社会意义和应用前景；对于旱田，若土地平整，只需进行浅水灌溉，可达到精确用水，利用间歇灌溉，这样可省水30%~50%。土地平整也可提高水肥利用率，有利于耕作、作物生长平整。常规平整主要采用推土机、铲运机，以防止水土流失，从而增强土地抵御自然灾害的能力、提高耕地质量，保证土地的可持续利用。而保证土地平整就要制造更好的平整土地的机械——激光平地机。只有研制出更好的激光平地机，才能提高土地平整精度，提高灌溉水利用率和农作物产量。农田表面平整度差、田间灌溉工程规格不合理、灌溉管理粗放等是导致我国地面灌溉田间水利用率较低，水资源浪费严重的关键因素。农田土地平整不仅可以增加有效耕地面积，还能方便机械化耕作，改善农业生产条件。同时，平整后的农田满足田间灌排要求，可加厚土层、改良土壤水盐分布，起到保水、保土、保肥的作用，控制杂草的生长，达到节水增产的效果。目前，我国正大力进行土地大规模整合，以提高土地利用率，节水增产，促进农业现代化。土地整治中的土地平整显得尤为重要。

土地平整方法包括常规平整措施和精细平地两种。常规平地主要采用推土机、铲运机、刮平机在地面起伏大、平整度较差的田面粗平，平整精度较低，平整后的土地仍不能满足灌溉要求。为进一步提高水资源利用率，改善粗平的效果，实现精细灌溉，需要进行精细平整。

激光控制平地技术是目前国内主流的精细平整技术。经过近十几年的研究和发展，与国内农田和拖拉机相适应的、高效率、高质量、低成本的激光控制平地系统（见图 4-1）已趋于成熟并实现了产业化，达到了一定的推广。与常规土地平整相比，激光控制平地技术能大幅提高田间土地的平整精度，系统灵敏度至少比人工视觉判断和平地机上操作人员的手动液压调节系统精确 10～50 倍。然而，激光控制平地系统易受外界环境的影响，在强光大风时激光发射器和接收器难以正常工作，工作半径小，并且由于激光接收器的范围限制，不适合平整地势高差大的土地。

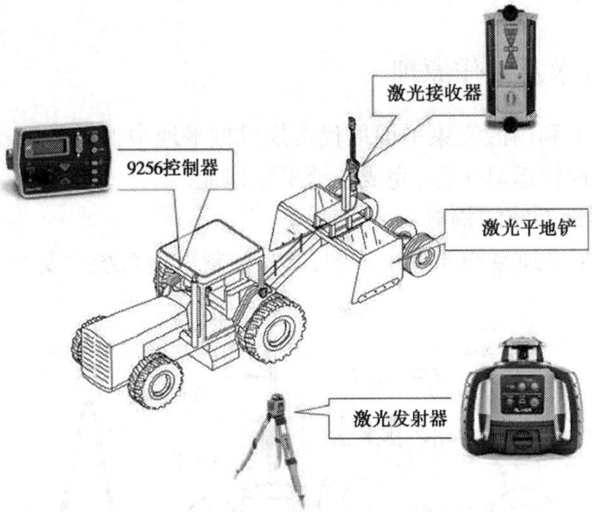

图 4-1　Topcon 激光控制平地系统

GNSS 卫星平地技术（见图 4-2）能够获取地表任何点的定位信息，具有测量速度快、工作效率高等突出特点。GNSS-RTK 技术的动态定位精度更可达到厘米级水平，为高效、大规模实施土地平整提供了重要的支撑条件。同时，基于 GNSS-RTK 控制的平地技术具有不受外界环境影响、能够适应复杂工作环境等优势。

图 4-2　GNSS 平地机

GNSS 精细平地技术对比激光控制平地技术特点突出，优势明显：工作范围广、定位精度可达到厘米级别、工作室不易受环境因素制约,在发达国家已经有一定程度的推广应用。对比其他发达国家,我国在相关研究上启动较晚,与之有一定的差距。同时,由于早期GNSS设备的价格居高不下,也成为制约GNSS平地技术大规模推广的主要因素之一。随着我国北斗卫星导航系统的全面建成及设备价格的逐步降低,精度更高、效率更高且符合我国农业生产要求的GNSS精细平地控制系统必将实现大规模的推广应用。

第二节　激光平地技术装备

一、激光平地技术及工作原理

激光控制平地技术利用激光束平面取代常规机械平地中人眼目视作为控制基准, 通过伺服液压系统操纵平地铲运具工作,完成土地平整作业。

(一)激光控制平地系统的构成

图4-3是激光控制平地系统原理示意图,激光控制平地系统主要由五部分构成。

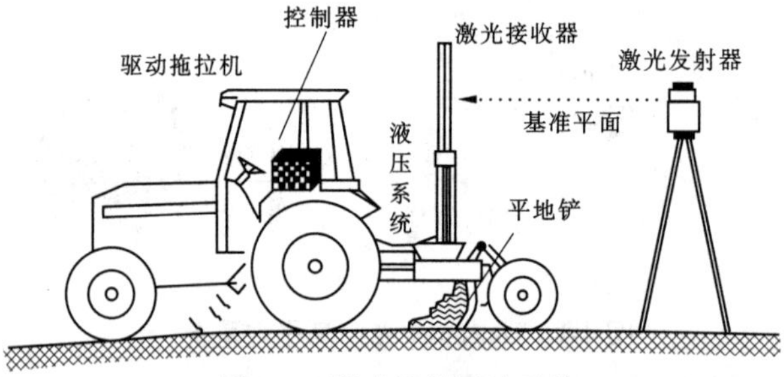

图4-3　激光控制平地系统

(1)激光发射器。它由可360°旋转的激光发射头和三腿可自由伸缩并能调整水平的三脚支架组成。激光发射头能发出一束半径达300 m的水平激光基准面。工作时,把三脚支架固定在事先选定好的位置上,调好水平后,将激光发射头安装上面。激光发射本身装有“偏离水平告警”红、绿显示灯,一旦系统被碰撞偏离水平,绿灯熄灭,红灯显示,激光停止旋转,并中断发射在田间上方生成激光平面,该平面将作为平地作业的基准参照面。

(2)激光接收器。安装在平地铲框架上的支撑杆上,由激光接收头、伸缩杆和固定座板组成。将激光接收头安装在伸缩杆上,并通过固定座板与铲运刮土机的刮土铲联接在一起,平地作业过程中,激光接收器实时接收激光发射器发射的激光信号,并根据受光位置将接收到的激光信号转化为代表地面高低的电信号,经过放大整形后输出到控制器。激光接收器的原理如图4-4所示。

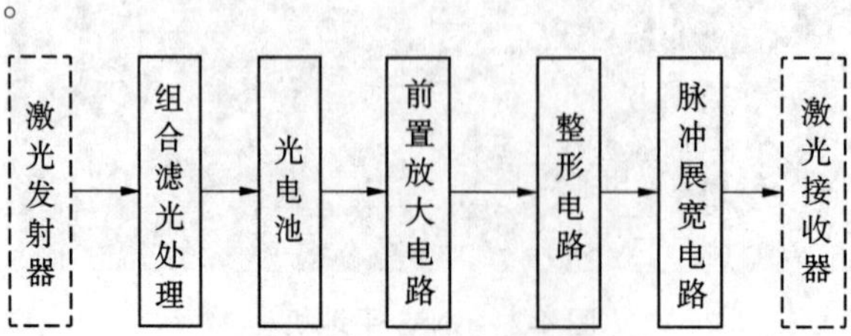

图4-4　激光接收器的原理

(3)控制器。信号传输及控制系统,由信号传输电缆和信号控制箱组成。信号控制箱对接到的信号进行处理后,给液压控制系统发出一个开启或关闭信号。根据从接收器获得的不同的激光信号发出相应的控制信号,通过液压系统来控制平地铲刀口上下运动,完成平整土地的工作。控制平地铲的升降速度是控制器的技术难点之一,涉及土壤类型、负载力的大小及液压系统的滞后性等多种因素。试验结果分析表明,平地作业时平地铲上升速度大于下降速度时,平地的效果较好。控制器的原理如图 4-5 所示。

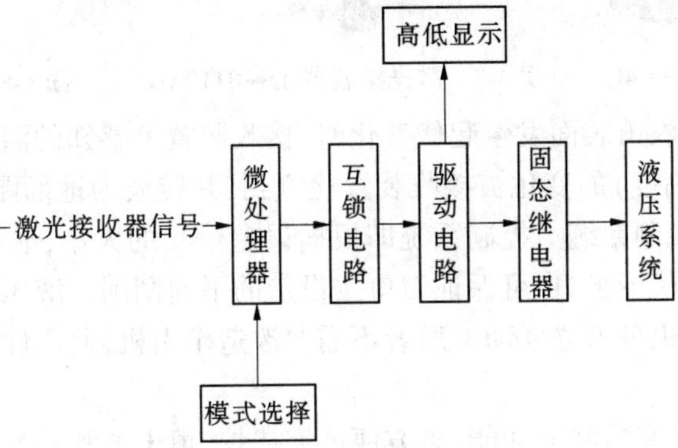

图 4-5　控制器的原理

(4)液压系统。由电磁液压控制阀和压油缸组成。电磁液压控制阀接到控制箱的信号后,移动阀芯控制油缸进出油的方向,从而控制油缸的升降,配合控制器的信号控制平地铲的运动。平地铲运设备的液压动力可采用拖拉机本身的液压动力输出或将拖拉机的动力输出轴连接齿轮泵,由齿轮泵提供液压动力输出。因为采用拖拉机本身的液压动力输出可以降低系统成本,但容易造成液压系统和液压油过热,导致平地工作性能下降。

(5)铲运刮土机。由机架、刮土架、刮土铲、接收系统固定座、油缸联接座和行走轮等组成。工作时油缸的升降使刮土铲带着激光接收器随之升降,进行刮土或卸土作业。同时,激光接收器在不断地接收发射器发出的信号,随时进行比较,不断地给控制箱送去信号随时进行比较,对油缸进行连续控制,从而保证整机工作精确无误。

(二)拓普康激光平地系统

(1)激光发射器 RL-H4C(见图 4-6)。该发射器固定在三脚架上。三脚架的高度可以上下调节激光发射器内发射出一激光基准平面,转速为 300~600 r/min,有效光束半径为 700 m。基准平面可以是水平面,也可以是带一定坡度的斜面。

(2)激光接收器 LS-B110AG(见图 4-7)。接收器固定在安装铲运机的伸缩杆上,用电缆与控制箱连接。接收到发射器发出光束后,将光信号转成电信号,并通过电缆送给控制箱。

(3)9256 控制盒(见图 4-8)。接收车载激光接收器信号,进行计算分析,实时向地平铲的电磁液压阀发出指令。从而控制铲刀上升或下降,实现挖高填低的目的。

激光发射装置由三脚架固定在农田,发射器可转动,可在平地现场的上方构成水平(或一定坡度)的激光控制平面作为平整土地的参照面,由于是激光束构成的光学控制平面,故不受地形的影响和操作技术的干扰,并且具有范围大、精度高、操作方便等特点。根据不同需求,可选用不同的激光系统,其有效工作半径一般为 300~800 m,并可选择水平或坡度发射器。

激光接收装置则安装在平地铲的桅杆上,以接收发射装置发出的激光信号。平地铲随

图 4-6 激光发射器 RL-H4C

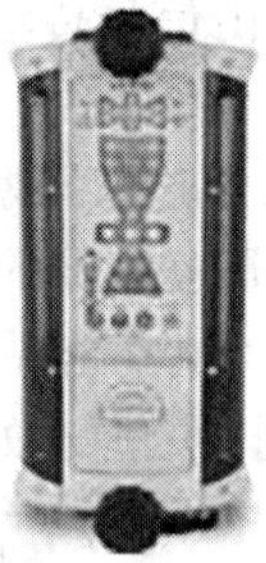

图 4-7 激光接收器 LS-B110AG

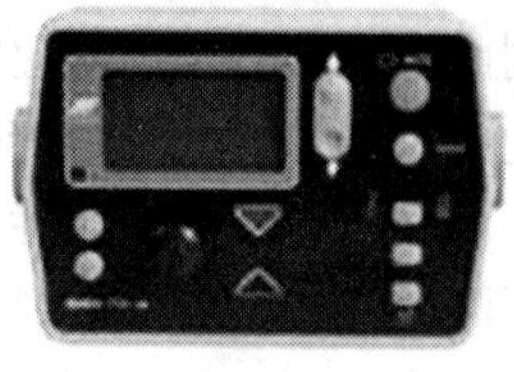

图 4-8 9256 控制盒

拖拉机在田间移动,当农田表面发生起伏变化时,接收装置上感知的激光平面位置也将发生变化,这一接收位置(高度)的变化被接收装置检测到,并转换为地面距标准高度的误差,然后将该误差信号传至控制系统。控制系统即根据误差信号的大小,通过液压缸快速地调整铲刀高度,即使地面起伏不平,也可保证刀口按设定的平面刮削。液压控制系统可以借用牵引车本身的液压系统,也可独立驱动。后者不需要改造牵引机,通用性好。液压系统要求反应速度快,控制精度高。

铲刀结构设计要求有独特的功能,可方便地完成挖、填土方和平整工作。铲刀入角度及形状的设计需综合考虑切土、带土、摊铺等功能。遇高地时,平地铲切土并带移动,到低洼时,积土自行摊铺,填平地面。

激光发射器(见图 4-9)工作原理:

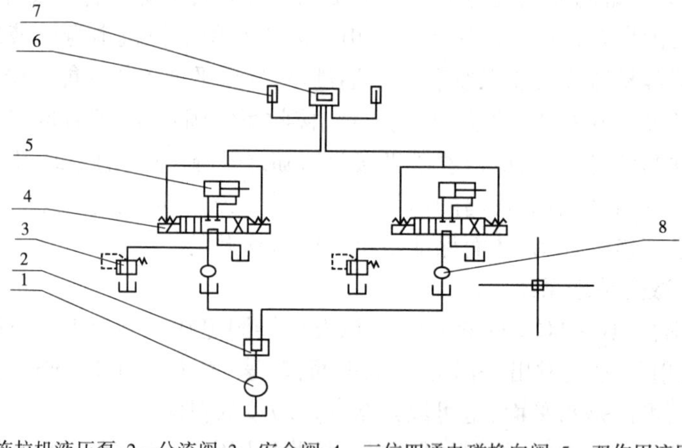

1—拖拉机液压泵;2—分流阀;3—安全阀;4—三位四通电磁换向阀;5—双作用液压缸;
6—激光接收器;7—控制器;8—液压泵

图 4-9 激光发射器

激光发射器发射一束极细的,能旋转 360°的激光束,形成空间的激光面,为整个施工场地提供了一个恒定的坡度基准,接收器安装在刮土铲上方的桅杆上,从激光束到刮土铲刃之间这段固定距离即为标高测量基准(如图 4-10 的状态 2),接收器 6 检测到激光信号后不停地给控制器 7 发送高度差的信号,控制器 7 通过分析处理通过电信号控制三位四通电磁换向阀 4 是左端接通还是右端接通,如果激光扫射在激光接收的上半部(如图 4-10 的状态 1 到状态 2),则三位四通电磁换向阀左端接通,液压泵 8 的液压油将进入双作用液压缸的左腔,右腔回油到油箱,液压杆伸出,平地铲抬高;如果激光扫射在激光接收器的下半部(如

图 4-10 的状态 3 到状态 2)，则三位四通电磁换向阀右端接通，液压泵 8 的液压油将进入双作用液压缸的右腔，左腔回油到油箱，液压杆收缩，平地铲降低；如果激光平地机停止工作，则三位四通电磁换向阀左右两端都不通电，左右两腔的液压油同时回油到油箱，压力过大，则安全阀 3 打开，降低压力，防止激光平地机受到损伤。

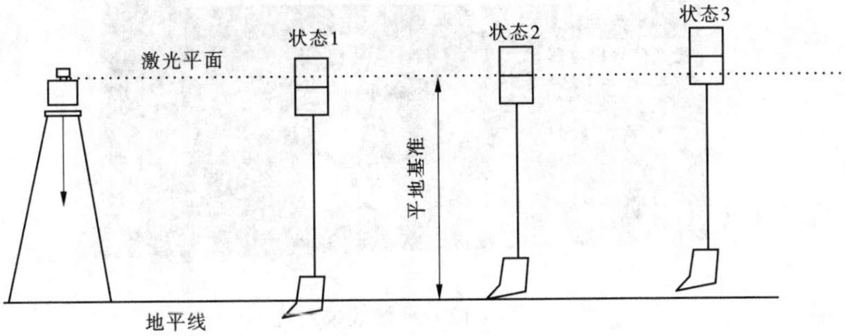

图 4-10 状态控制

农业激光平地系统是由激光发射器、激光接收器、控制箱、液压系统和平地铲等附件组成。激光 Topcon 发射器发射一直径达 800 m 激光水平面，以此为作业场地提供了一个平面基准。激光接收器安装在平地机的支撑杆上，接收器检测到激光信号后通过信号电缆实时传输给控制箱，由控制箱控制液压站的执行机构，完成刀铲的上升与下降(见图 4-11)，从而实现挖高填低达到平整土地的目的。

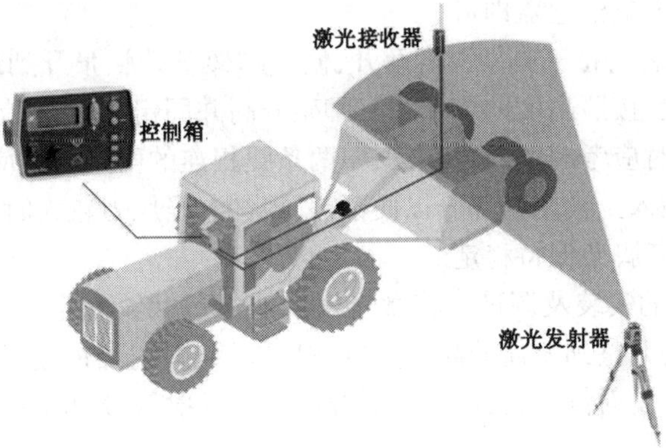

图 4-11 Topcon 激光平地机的工作原理

激光平地技术确实是一种高精度和高效率的平地方法，能够实现精准平地的目的。利用激光平地技术在高低差不超过 20 cm 的地块可一次完成平地作业，土地平整精度可达 ±(1~2) cm；高低差超过 20 cm 的地块可进行两次平地作业，直到达到标准。图 4-12 是某块农田实施激光控制平整土地的情景。

通过平地前后的等高线图可以看出，激光控制平地系统确实具有良好的平地效果。

二、激光平地设备的设置和操作

(一) 建立激光

根据被平整的土地大小来确定激光发射器的架设位置，直径超过 300 m 的地块，激光器只放在场地中间位置，一般选择地势较高的位置架设激光发射器，可以确保平地机工作时所

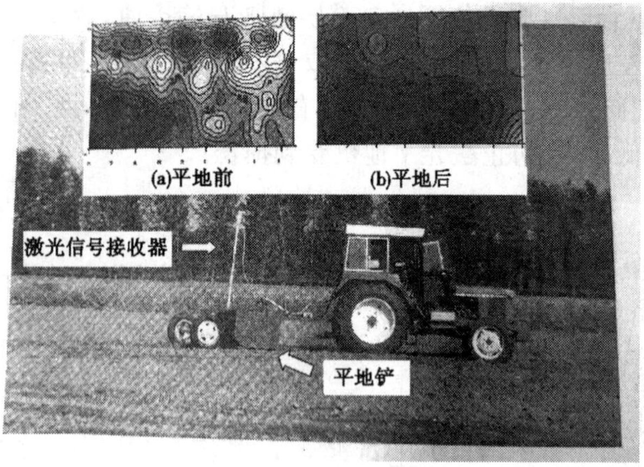

图 4-12 平整效果对比

有位置都能接收到激光信号。如果要平整地块的长、宽均超过 300 m,激光发射器要架设在田块的中间,有利于平地基准的精确性;如果地块的长、宽小于 300 m,应把激光发射器架设在田间的地头,便于平地作业。把激光发射器安装在三脚架上,对于有坡度的激光发射器,坡度设定为 1%,建立的激光平面应位于平地机最高点 0.5 m 以上的位置,以避免平地机和操作人员遮挡激光束。激光发射器安装如下:

(1)安装电池。从发射器下面打开电池盒盖,将旧电池依次取出,按照正负极性能指示将新电池安装好,盖上电池盒盖即可。

(2)三脚架的安装。将三脚架固定解开,使三脚架三条腿张开到最大位置;将三脚架的对中杆摇到最低位置;按照高度的要求将三脚架升高并固定,三脚架的三条腿应保持在同等的高度;固定三脚架时应考虑风向,三脚架中两条腿相连的两条直线应尽量与来风保持垂直关系。并将三条腿插入土壤中一部分以便不被风吹倒,当风力较大时,应在三脚架脚踏板上放置一些重物,以使三脚架保持稳定。

(3)激光发射器的安装及调试。将激光发射器通过螺纹固定在三脚架上;摇动三脚架摇把,使升降杆上升,调整到所需的高度位置,打开激光发射器的电源,激光光束将旋转,当激光发射器停止旋转发射信号,自动调平后开始正常发射信号,将左下角锁定信号按钮锁定调平状态。

(二)液压控制系统的安装

(1)组装油箱。油箱由箱体、吸油过滤器、注油空气滤清器和液位/液温计组成,用直通接头将球阀开关和箱体组装;组件应涂抹密封硅胶,防止结合部位液体渗漏。油箱盖板用螺栓与箱体紧固,并用密封硅胶密封结合部位,待 24 h 完全固化后再使用。油箱安装好后,应将油箱擦干净,注入约 70 L 抗磨液压油,液压计油位显示在满足系统工作需要的位置,用螺栓通过油箱底脚安装孔将油箱固定在托平铲支架上。

(2)组装齿轮泵。分别将出油口和吸油口用接头连接,并用 O 形胶圈密封。安装时注意,齿轮泵的吸油口大于出油口,进出油口的法兰都要用 O 形胶圈密封,并用螺栓固定,然后连接齿轮泵和阀组体。

(三)测量场地,确定标高

在激光发射器工作状态下,用手持便携式检测器和标高竹竿在所平地块内按网格状进行地形测量，网格间距一般为 5~10 m，也就是在网格线上每隔 5~10 m 取一点进行测量。进行网格测量的目的是测量出田块中各个点的高度，也就是相对高程，将所测数据记录下来，从而得到田块内各测量点的相对高度。做好标记，将所有各点的测量数据相加再除以测量点的数量，就得到了平均标高。找出与平均标高最接近的标记处作为基准点，这个基准点就是平地机刮土铲刀刃初始作业位置。在平地作业前对场地进行测量的好处是可以确保平地作业时挖填均衡，就地平整，运距最短，也就是减少很多平地时的工作量。

(四) 作业

平地作业前把平地铲移到基准点上，把刀刃降至与土壤接触。平地作业时平地铲就会以这个基准点的位置为参考来对土壤进行高推低填。接下来就要安装激光接收器了。先将信号线与接收器连接好，然后将激光接收器的开关打开，安放在桅杆上，上下滑动，调整激光接收器在桅杆上的高度，使发射器发出的光束与接收器相吻合。此时，接收器中间一排灯亮时，说明接收器与发射器发出的激光束在同一水平线上，即为固定点。这时，将控制器开关设置在自动位置上，启动拖拉机，就开始平地作业了。平地铲会自动挖高填低，搬运土方，进行土地平整工作，逐渐将田地自动铲平。

三、激光平地机使用注意事项

(1) 测量平地铲完全提升和落下情况，接收器杆顶部距地面的尺寸，驾驶员操作前应牢记这两个限高尺寸，避免在运行过程中或作业中接触高空中的高压线，造成人身和财产损失。避免碰撞悬空物造成接收器损坏。

(2) 对拖拉机和平地铲等进行电焊修理前，务必先将驾驶室内安装的控制箱最右侧的电源线接头拆下，避免强电流使与电瓶相连的控制箱、接收器或电磁阀损坏。

(3) 拆装与电磁阀升降接头相连的每组电磁阀，首先必须将控制箱最右侧的接头拆下，避免电磁阀线接头短路，致使控制箱内的保险丝熔断。

(4) 控制箱的 4 个灯泡是 12 V 的，电源线必须接 12 V 电瓶，如误接 24 V 电瓶，会将指示灯损坏。

(5) 发射器接电瓶应先将正负极电缆接电源，然后将红线夹夹住发射器的正极，黑色线夹夹住发射器的负极，如正负极接反，会损坏发射器。

(6) 平地机工作前，必须检查拖拉机与平地铲的插销连接是否可靠，并加装保险链，防止平地铲脱落，造成齿轮泵及液压系统损坏。

第三节 激光平地技术的应用

20 世纪 70 年代，美国首先将激光技术应用于农用平地机械，并取得了巨大的经济效益和社会效益，目前该技术在美、日、英、俄等国的农业生产中已有广泛应用。自 20 世纪 80 年代起在许多国家已得到推广应用。以美国为例，美国国土面积 937 万 km^2，山区面积约占 1/3，耕地面积约 28.8 亿亩（含休闲地）。以中部的密西西比河为界，东部以平原低地为主，年降水量为 800~2 000 mm，基本能满足农牧业生产的需要；西部的 17 个州属干旱、半干旱地区，年降水量在 500 mm 左右，少的只有几十毫米，是美国农业灌溉最集中的地区，也是美国粮食的主产区。自 21 世纪以来，水一直是美国经济和社会发展的制约因素，因此大力发展节水灌溉,是解决干旱地区水资源短缺问题的关键所在。据了解,美国已有1.65亿亩耕地采用了节水灌溉技术,约占全美灌溉面积的一半左右。大面积采用激光平地使农业劳动力减少,每个农户经营土地面积大都在100 hm^2(1 500亩)以上。但平整土地和修筑田间工程比较统一、讲究,大量推行了激光平地。240亩的田块内,平整后的高低差控制在1 in以内(3 cm以内)。格田周边,机耕调头地形成导水槽。这样的格田,可以放入较大水流,比较准确地控制灌水量,灌水均匀度高,田间灌水效率可达90%,相对未平整土地的农田而言节水20%以上。国外多采用红色氦氖激光器产生基准光线,其接收与控制系统精度较高,田间地面相对高程的标准偏差一般小于1~2 cm,但其价格十分昂贵。

我国水利部在近些年也花费了很大资金和精力,开展激光控制平地技术的推广应用,曾先后在河北、新疆、黑龙江、山东等地开展试验项目的研究工作,目前,该项工作已顺利开展。在国内,自20世纪80年代开始,一些部门就已引进国外机型进行试验,但由于价格问题一直未能推广。从技术上看,激光调平技术所需的关键元件如激光发射器、激光接收器、高度传感器、水平传感器、电磁液压控制阀等研制问题大部分已解决,多数元件也已有厂家生产,但供平地机专用的元器件还很少,不能完全适应农用平地机的使用要求。国内曾在20世纪90年代中后期研制了两种激光平地机械——应用于盐业生产的GP1型激光校准平地机和应用于农田基本建设的1PJY 6型激光平地机。由于其作业半径小,作业精度低,作业幅宽小,其应用并不广泛。而现在的激光平地虽然已经得到了普及,但一些激光平地机仍然存在着一些缺陷,仍需要改进。如图4-13所示,虽然比一般平地机平整土地的精度高很多,并且安装有两个液压缸进行调节,保证了一定的机器作业时的稳定性,但两个地轮通过一个轴筒连接,两个液压缸作用在同一个轴筒上,激光平地机的工作水平不能得到保证;桅杆与机架连接不够稳定,机器的工作振幅没有缓冲地传递给桅杆,容易造成桅杆折断。

图4-13　我国激光平地机

一、国内外激光平地机差距

我国在农业与生态节水技术领域,经过近20多年的快速发展,在总结相关成果的基础上,初步形成了其技术体系,在某些方面已达到或接近国际先进水平。但由于我国经济发展水平的限制,加之科研体制不太适应科技发展的要求,农业与生态节水工程硬件建设的整体水平落后发达国家30年以上,在节水灌溉设备研发、精准灌溉等若干领域还存在相当大的差距。特别是有关研究的长期定位观测与数据积累、试验仪器设备、高新技术的应用等方面严重制约着我国农业与生态节水技术领域科研水平的提高。地面灌溉技术研究方面,水平畦灌、阶式水平畦灌的研究不断深入,传统的畦灌、沟灌也由过去单纯研究灌水技术要素对灌水均匀性、水分深层渗漏的影响,转向综合研究灌水技术要素对土壤水肥运移、对水肥流失的影响。水平畦灌是田面非常平整条件下的畦灌,要求供水流量大、土地平整精度高,必须在进行大地测量后采用激光平地技术。该技术在美国等发达国家被称为是地面灌溉最重要的进展之一 。

这些差距主要表现为:

(1)产品种类不齐全。主要是缺少大功率的激光平地机产品,但开发大功率的激光平地机配套件(箱、桥)在国内现阶段还无法解决。

(2)技术水平较低。虽然国内外激光平地机的其本结构和功能没有根本性的差异,但由于激光平地机行业起步较晚,技术发展缓慢,其技术水平落后国外发达国家。目前,我国激光平地机产品的技术主要来自于国外,多数企业没有自己的核心技术和专利技术,对引进国外技术的消化和吸收也仅仅是实现部分国产化这样一个较低的层次上。近年来的发展,也是通过综合集成、类比设计或引用国外一些成熟技术,通过二次开发设计出的产品,多数企业的科技创新能力不足。

(3)可靠性。由于生产制造工艺设备的欠缺和工艺流程的不完善,整机零部件在各个细节处理上与国外品牌产品有较大的差异,甚至关键部件的关键尺寸与图纸的符合性也不能很好地保证。另外,一些国产零部件的质量也不稳定。如液压控制零部件、桥架的质量、电控元件等,这是造成国产激光平地机产品质量水平落后于发达国家的主要原因, 因此影响了整机的可靠性和使用寿命。

二、激光平地的作用效果

(一)激光平地技术对土壤物理性质的影响

通过激光平地技术的高精度平整土地,可使灌溉水的推进、渗透和消退均优于未处理田块,具有节水、控盐等特点。

1. 改善土壤水盐分分布

试验表明:从麦田的灌溉入口到田块尾部,激光平地处理后的田块经灌溉后,不同地段的土壤不存在明显的水分差异。这主要是平整田面可减少水流阻力,使水更快速更均匀地灌溉田块。通常未处理田块受多年灌溉产生的冲蚀、淤积等影响,灌溉口地势会高于其他地方,使田块中后段形成积水区,进而导致土壤水分含量较高。小麦三叶期后,土壤水分蒸发量较大,并裹挟地下盐分聚集于地表,所以未平地地块从灌溉口到田尾,地表土壤盐分会逐渐增加,并呈现显著或极显著差异。从小麦拔节期到收获期,激光平地田块内不同地段的土壤水分无显著差异,但中后段的土壤盐分显著高于灌口区。其原因在于田块受多年灌溉、蒸发的影响,深层土壤的盐分含量高,经蒸发汇聚于地表0~30 mm土层,所以激光平地地块不同地段的土壤盐分也存在差异。

经激光平整后的田块,从灌溉口到田尾,0~800 mm土层中的土壤含水率无显著差异,基本一致;田块平整度高,有利于灌溉后水的均匀分布;在小麦拔节期后,较未处理的地块晚20 d左右出现土壤盐分表聚现象,并且土壤盐分含量小于未处理田块;土壤水分、盐分及分布能促进小麦生长,提高田块中后段的水分利用率和产出率。

2. 节约灌溉用水

徐睿智认为,经激光平地处理过的田块在灌溉时,水流的推进速度显著高于未处理的田块。经处理田块水流的推进过程线和消退过程线近似于平行，而未经处理的田块水流进程和消退线呈交叉状。这个现象可以说明，激光平地可以使田块各区域有相近的入渗时间，对减少灌溉水的深层渗漏、提高灌水均匀程度和整体灌溉效果具有重要作用。同时，经处理地块的水流消退慢于未处理田块。这是由于激光平地后土壤密实度增加，土壤水分渗透变慢，消退时间变长，地表缓慢均匀入渗。

3. 提高秋浇灌溉效率

王瑞萍研究表明，经过激光平地处理的地块土地平整，土壤孔隙小，下渗速度慢，从灌口到田尾推进时间短，是未处理的地块耗时的 1/2。由于下渗速度慢，保水能力相应提高，推进速度曲线幅度呈平缓变化；而未经处理的地块地面不平整，蓄水深度不均，造成灌溉推进速度曲线波动明显。在消退测试方面，经过激光平地处理的地块，水面消退时间是未处理地块的 1.5 倍，消退速度是未处理地块的 83.33%。这主要是由于未处理的地块表面孔隙多，灌溉后下渗速度比平整后的地块快。当灌溉结束后，未处理田块的土壤深层含水率比处理过的田块要高。水从灌口到田尾的推进时间越长，灌溉质量就越差。激光平地处理后的地块能明显改善地面的平整度，保证水流平稳推进到田尾，减少田间深层渗漏损失。

（二）激光平地技术应用效果

受机手操作水平和机具设备设计参数制约，常规平整土地的精度差强人意，而激光平地技术能够提高平整精度，使耕地平整精度降到 20 mm 以内。在盘锦进行的水稻种植区试验结果表明，激光平地技术在辽宁地区的应用效果良好。

（1）提高土地有效面积，增加水稻产量。常规的水稻条田经激光平地处理，可减少埝埂，增加稻田面积。常规的条田长约 500 m、宽约 30 m，每条排灌渠宽度 3 m，土埂宽 0. 3 m。每池土埂占 90 m^2，排灌渠占 1 500 m^2。如将这两块占地平整，则田块面积将增加 1 680 m^2，提高土地使用面积 6%。由于出苗率大增而长势均匀，因而秧苗抗倒伏、抗病害能力提高，每亩增产粮食能达到 50～100 kg，并且在增产的同时，也提高了作物的品质。若大面积推广激光平地技术，相应利用的土地面积就会提高水稻产量。

（2）节约灌溉用水，提高灌溉效率。地面平整度越高，灌溉效率及灌溉均匀程度也越高。激光平地技术可使地面平整精度达到 20 mm 左右，结合水稻农艺要求，灌溉水可在田块中迅速推进充满，并深浅一致，极大地提高了水资源利用率。一般每 667 m^2 平均可节约用水 100 m^3，节水 30%以上。

（3）化肥利用率高，除草效果好。经激光平地的水田灌溉后各部分土壤含水率相当，且入渗速度降低，使溶于水中的肥料分布均匀，避免局部脱肥和流失。与未处理的地块相比，肥料利用率由 35%提高到 45%，施肥量从 750 kg/hm^2 降低到 585 kg/hm^2，节省化肥 165 kg/hm^2。由于药液分布均匀，封闭除草效果更佳，为水稻生长提供了良好的生长环境，有助于水稻稳产增产。并且由于土地平整度提高，化肥分布均匀，可减少化肥流失和脱肥现象，提高化肥利用率 20%，确保了农作物的出苗率。

（4）改良农田土壤，提高耕地肥力。盘锦地区农田盐碱重，经激光平地作业后，田间水分入渗均匀，可降低土壤中的盐分残留，为水田土壤脱盐、去除盐斑进而改良土壤、提高水田地力创造了条件。

（5）机械通过时阻碍减少，机械化程度高。激光整地后田块变大，田间通过阻碍变少，有利于机械作业时选择更为合理的作业路径，减少田间转弯调头操作，提高机械作业效率。在机械化插秧和机械化收获时，优势更加明显，激光整地田块不但可以减少漏插，还可以提高作业质量。收割机在传统田块作业时平均作业效率为 0.2~0.26 hm^2/h，而激光平地田块的作业效率为 0.4~0.53 hm^2/h。

(三)缺陷

(1)激光平地机作业半径一般是 400 m，距离越远，信号越弱，不适合大地块作业。

(2)激光平地机易受天气影响，大风天气无法作业。

(3)激光平地机受限于接收器长度，地块高差超过 20 cm 信号就会丢失，导致无法作业。

(4)激光平地机基准面确认主要依靠经验，对操作人员要求较高。

(5)激光发射器的架设必须高于车顶，以免影响激光接收器的信号接收，导致架设比较困难，操作不便。

第四节　卫星平地技术装备

水管理与土地整理是农业生产的基础性工作。平整土地通过保持土地的层次来有效地储存、分配水资源，可以提高水资源利用效率，降低水资源使用成本。随着北斗 GNSS 卫星的平地机不断发展，可以替代激光平地技术，在农田地势图的精确绘制、铲填图生成和田间平地作业中，发挥重要的作用。

20 世纪 80 年代初，发达国家开始加大关注农业中的生产效率，通过解决农业生产力与资源环境的协调问题，实现提高农产品竞争力和减轻污染环境等目标，以应对全球粮食危机。由于 GNSS 技术向民间领域逐步开放，且随着电子信息技术和设备的快速发展，GNSS 技术与农机装备和农学农艺的结合愈发紧密，推动了精准农业的发展。2005~2007 年，部分发达国家开展了将 GNSS 技术应用于农田平整作业的研究。目前，GNSS 平地控制系统水平最高的外国设备生产商以美国天宝(Trimble)公司、日本拓普康(Topcon)公司为代表。其生产的 Trimble FieldLevel Ⅱ(见图 4-14)、Topcon System 310 等系统在实际生产中得到了良好应用。

图 4-14　美国天宝 Trimble FieldLevel Ⅱ 平地控制系统

图 4-14 所示为美国天宝公司开发的 Trimble FieldLevel Ⅱ 平地控制系统，采用载波相位差分进行定位，采集农田地形信息完成地形测量工作。根据配套的决策支持软件生成农田

地形图、挖填土方,GNSS 精平机平地铲姿态调整技术研究大量信息,向用户提供合理的土地平整方案,通过阀控模块驱动液压系统完成土地精细平整工作。在国外,GNSS 精细平地技术的应用时间长,技术发展成熟,由于其作业精度高,作业区域广,受天气、环境等因素影响小,且能结合其他相关设备提高农田作业信息化和自动化程度,对比激光平地技术优势明显,已有较大的使用面积。

农业作为我国的基础行业,一直受到政府和全国人民的高度重视。引进国外先进技术并将其应用于我国的农业生产中,是推进农业生产信息化和现代化的重要举措;同时 GNSS 平地技术在国外的广泛应用,证明该技术具有较高的推广价值,在国家的政策引导和支持下,从 2007 年开始,我国的科研工作者依托于各科研单位,陆续开展了 GNSS 平地控制系统的相关研究,以期自主研发出符合我国农业生产要求的配套设备,以满足我国广大农民的迫切需求。2009 年,中国农业大学进行了基于 RTK(载波相位差分)技术结合 GNSS 相关的精细平地技术研究,设计了一套能对地块进行测量,并且能实现对土地平整的平地控制系统。平整度在 20 cm 左右。在 2010 年,华南农业大学赵祚喜等以 GNSS 控制技术为基础研发了土地平整系统。该系统的工作原理为以车载计算机为上位机和 GNSS 接收机为下位机,并将上位机决策和下位机控制相结合来获取农田三维地形位置数据。试验结果表明,平地精度可以控制在 7~8 cm,满足精准平地工作的精度要求。2015 年,华南农业大学工程学院进行了基于 GNSS 技术的自动平地控制系统的相关试验,针对高程数据采用了一种算法(限幅加权递推平均滤波算法),采用 PD 控制算法控制平地铲运动,土地表面相对高度的标准偏差值下降约 10 cm。2017 年,中国农业大学提出一种 GNSS 定位数据分析处理方法。将基于联合滤波算法的处理方法应用于农田定位,对比试验得出结论:高程定位精度明显提高,平地工作中,GNSS 定位实际高度波动范围缩小 20%。

GNSS(global navigation satellite system,全球导航卫星系统)技术能够获取地表任何点的定位信息,具有测量速度快、工作效率高等突出特点。随着 GNSS 定位精度的提高和设备成本的降低,其在农业中的应用也越来越广泛,包括农作物产量分布监测、农机具自动导航、联合收割机种植、变量精细播种、变量施肥和病虫害防护等。而 GNSS-RTK 技术的动态定位精度更可达到厘米级水平,为高效、大规模实施土地平整提供了重要的支撑条件。同时,基于 GNSS-RTK 控制的平地技术具有不受外界环境影响,能够适应复杂工作环境等优势。GNSS 精细平地技术在我国起步较晚,但随着科研工作者的不断努力,GNSS 精细平地技术在国家政策扶持下正蓬勃发展。同时,随着北斗卫星导航定位系统的不断发展,设备价格方面的制约逐渐减少,国内的诸多生产厂商也将目光投入到 GNSS 精细平地技术上,在多方的共同努力下,GNSS 平地机的使用规模会进一步扩大。

一、卫星平地技术相比激光平地技术的优势

(1)参考信号传输距离远,不受天气影响。

普通的激光发射器信号传输半径在 400 m 左右,而卫星平地运用卫星信号作为参考信号,通过电台传输,信号可达 5~10 km,而且不受大风、大雾、灰尘的干扰。

(2)平地作业过程,不受地势误差大而限制作业。

传统的激光作业是靠激光发射器形成的平面作为参考,一旦地势误差大,超出激光接收器接收激光信号的范围,将无法正常作业。而卫星平地是运用卫星作为参考,不受水平面的

接收影响,所以不受地势高差的限制。而且卫星平地通过测量地势,在地势图上可以直观地看到地势的高差,知道哪里高、哪里低,都可以在显示器上看到,对提高作业效率也有一定的帮助。

(3)简单、人性化的操作界面。

卫星平地的所有数据和操作均可在显示器上读取和操作,相比激光平地复杂的操作,省去了很多麻烦的步骤。

(4)安装、服务、调试简单化。

相比激光平地复杂的安装和调试,卫星平地只需 1 h 即可搞定。

(5)设备后期维护成本低。

所有部件质保一年,维修和售后均在国内进行,而且周期特别短,在非人为的情况下,一般是直接更换新件。

二、GNSS 控制平地系统工作原理

GNSS 控制平地系统组成如图 4-15 所示,系统主要由集成控制终端、GNSS-RTK 接收设备、液压系统及平地铲运设备几部分构成,系统工作原理是利用 GNSS-RTK 接收设备获取农田的位置信息,通过集成控制终端对地块进行地形测量,得到待平整土地的整体地势情况,计算农田基准高程平面,设计平整方案,将实时接收的测点高程数据与基准高程数据进行比较,根据地势高低情况驱动液压系统控制平地铲完成农田平整作业。

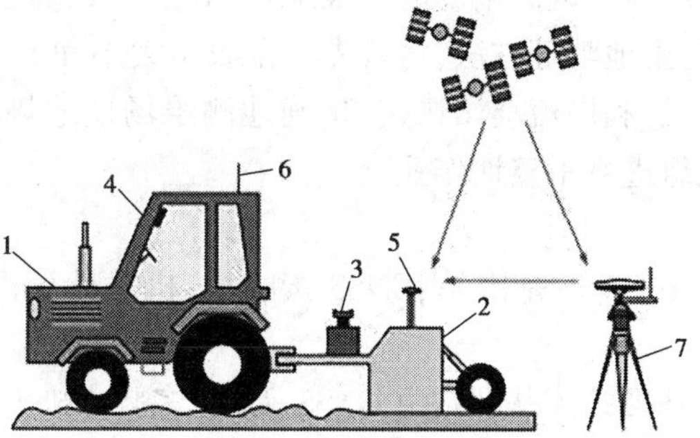

1—拖拉机;2—平地铲;3—液压系统;4—集成控制终端;5—移动站卫星天线;6—移动站电台天线;7—基站

图 4-15　GNSS 控制平地系统组成

工作过程概述:地面基站提供定位参考信息,通过无线电台传输给控制器使其计算得到更高精度的铲体位置信息。控制系统通过采点计算参考基准面(见图 4-16),比较铲体位置和参考基准面,通过一定算法得到限位油缸伸缩量。当平地铲处于地势较高的位置时,限位油缸自动缩短,铲体下降,铲体切削并推动多余的土壤前进;当平地铲处于地势较低的位置时,限位油缸自动伸长,铲体上升,铲体里的土壤被填补在地势较低的地面。平地过程中,根据地势的起伏,限位油缸不断伸缩,平地一段时间后,土地自然在同一地势上形成一个平面,实现精细平地作业。系列卫星平地系统包括单接收机平地系统和双接收机平地系统,双接收机平地系统可独立控制两个限位油缸的伸缩,使铲体始终保持在水平面或设置的斜面上,可避免地块凹凸不平或车辆转弯时平地精度下降,双接收机平地系统尤其适合用在平地生产较长的设备上。

图 4-16　GNSS 控制平地系统

三、具体工作过程

土地平整前,需要获取项目区高精度的三维地形信息,以计算工程土方量、编制项目规划方案。基于卫星定位的土地整理方法,将首先根据农田大小和形状,确定 GNSS 基准站的放置位置,然后驾驶拖拉机,利用流动站快速、精确地测绘场地地势图,作为平整土地的铲、填图,并据此启动平地机组进行平整地作业。

(一)系统组成

GNSS 平地系统主要由 GNSS 基准站、GNSS 接收机、机载计算机、拖拉机铲刀及液压控制装置等组成。

图 4-17(a)为 GNSS 基准站。基准站由 GNSS 天线、多频 GNSS 接收机、无线电发射台、三脚架及电源等组成,测图和平地时放置在田块的同一个位置,通过无线数字电台,向平地机上的流动站发送实时差分改正信息,提高平地机定位精度。

(a)GNSS 基准站　　(b)GNSS 流动站　　(c)铲刀

图 4-17　GNSS 土地整理系统部分组件

图 4-17(b)为 GNSS 流动站。流动站主要由双频 GNSS 接收机、无线数字电台或移动通信模块等组成,其天线安装于平地机上。通过接收基准站的实时差分改正信息,经流动站解算后,向机载计算机输出厘米级的水平与高程定位信息。

机载计算机主要由计算单元、显控屏幕、I/O 接口等硬件及自动控制软件等组成。

液压控制装置中的液压阀安装在平地机上,并与拖拉机液压系统连接。在处于自控状态时,经控制箱转换修正后的电信号,启动电磁阀,变动液压控制阀的位置,改变液压油的流量和流向,通过油缸柱塞的伸缩控制平地铲升降。

铲刀见图 4-17(c),经由液压阀全自动控制,可以使田间土壤移动量最佳化。

(二)工作步骤

1. 调查

通过 RTK 精确测量出农田土地,提供最佳的土地覆盖情况,并准确设计土地表面的排水系统。通过获取作业边界、对应作业点及土地表面信息,在调查区域内计算得出准确的作业面积。

2. 设计

基于调查结果,建立最适宜的表面模型、规定斜面坡度及明确平整需求。根据方位信息和等级要求确立主要和交叉斜坡坡度,并修改预先设置的土地水面。

通过设计软件能够更好地处理复杂地形,并将数据回传平地系统。

3. 整平

系统将根据平地机的位置自动升降铲运机的铲刀,搬运设计土方数。

第五节 卫星平地技术的应用

一、国内外现状

作为新兴的土地平整技术,其在发达国家已得到一定的应用,包括日本的拓普康 AGS 土地平整系统,美国 Trimble 公司的 FieldLevel Ⅱ 系统、GCS900 系统等。而我国由于精准农业起步较晚,GNSS 在农业中的应用技术与发达国家有一定差距,同时 GNSS 设备昂贵,不利于大量推广,限制了 GNSS 精细平地技术的发展。目前国内对 GNSS 平地技术的研究尚处于初级阶段,相关研究和成果较少。随着我国北斗系统建设的发展和完善及 GNSS 定位精度的提高,适用于我国的 GNSS 精细平整势必会得到广泛推广应用。中国农业大学精细农业研究中心在 2009 年开始研究智能化精细平整技术,在"十二五"863 课题的支撑下,开展了 GNSS-RTK 定位的土地平整技术研究,针对我国国情,自主设计了适合国内的 GNSS 智能化精细平地系统方案,并取得了一定的研究成果,实现了地形测量,平面平整的初步功能,然而系统存在分立模块多、连接复杂、软件功能相对简单、仅能实现平面平整、数据误差较大、平整度仅在 20 cm 左右等问题,不适合产业推广。

二、应用实例

盛恒天宝的基于 GNSS 的平整地作业现场试验表明,GPS 单系统所测量的高程值不能满足平地应用,北斗-GPS 双系统则可以满足平地应用。相于激光平地控制技术,GNSS 技术具有显著的优点,将逐渐实现替代升级。但由于平地对高程精度要求严格,如何进一步提高高程定位精度,需进一步探索。

华南农业大学研制的基于 GNSS 技术的水田平地机作业现场,可以达到“寸水不过田”的要求。图 4-18 为上海司南的基于 GNSS 技术的水田平地作业现场示意图。

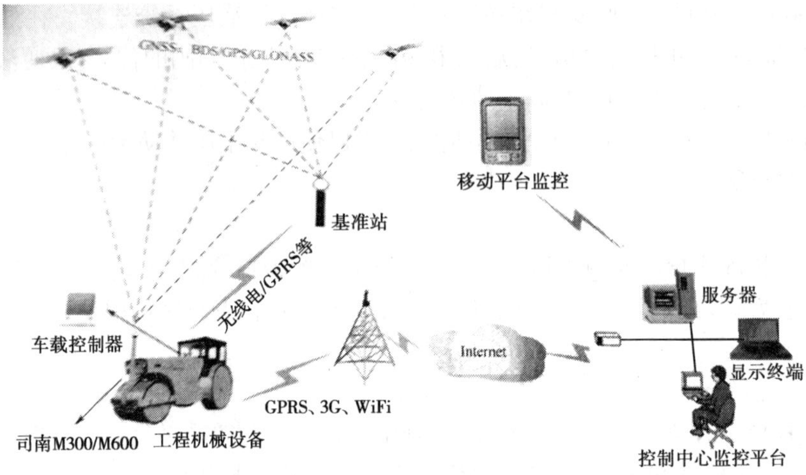

图 4-18 基于 GNSS 技术的水田平地机作业现场

上海司南 GNSS 平地作业系统使用北斗等 GNSS 多星系统联合高精度定位,可以把卫星定位的三维坐标实时地输入计算机,自动生成三维数字模型,计算机实时比较工程机械作业端的当前位置和设计数据,并输出校正控制信号至控制设备,对肥控制系统如机械的作业端进行控制,主要施工机械只需要 1~2 次往返施工,即可达到设计位置的要求。

这种以绝对坐标 X、Y、Z 为基准的全新控制方式,摒弃了测量、打桩、放样等传统工序,一次性解决高程控制、平整度控制、坡度控制等问题,节省了大量的现场测量工作,把工程机械操作手从繁重的整平工作中解放出来,使其可以专注于驾驶,大大提高了施工现场的工作效率及安全性,同时可以将数据传递到控制中心进行质量控制。

三、GNSS 平地机发展趋势

GNSS 精细平地技术对比激光精细平地技术优点明显,易于进行大规模农田作业。GNSS 平地机的发展趋势如下。

(一)通过对自动控制部分的优化,提高平地机作业精度

目前,GNSS 平地控制系统的基本结构已经趋于成熟,在机件结构和液压系统组成上无革新性改变,国内外各大厂家生产的设备在性能上无明显差异,所以要提高 GNSS 平地机在实际农业生产中的作业精度,要从系统的自动控制部分入手,对控制算法进行优化,也可以通过与陀螺仪等设备结合,获取平地机工作时姿态角信息,结合高程信息进行运算,以保证平地机在实际工作中的稳定性和作业精度。

(二)发展 GNSS 平地机外延功能,提升 GNSS 平地机性价比

随着 GNSS 技术的不断发展和我国自主研发的北斗卫星导航系统的不断完善,GNSS 设备价格进一步降低,GNSS 设备在我国的推广规模进一步增大,规模较大的农场拖拉机基本都配备有 GNSS 接收机等设备。这为 GNSS 精细平地技术的推广打下了坚实的基础。但目

前 RTK-GNSS 接收机的价格对于广大农民来说,还无法达到全面普及的程度,所以发展平地机如地形测量、信息监测等外延功能,完善相关配套设施,提高 GNSS 平地机的性价比,是实现 GNSS 精细平地技术大规模推广的关键,也是科研人员要为之努力的方向,能实现一机多用,让这项技术能从农场应用到农村,使农业发展真正造福到农民。

第六节　平地机的操作规程

一、作业前的准备与启动

(1)内燃机部分,按通用操作规程的有关规定执行。

(2)详细了解作业内容和施工技术要求,并仔细检查作业区各种桩号的所在位置。

(3)检查平地机四周有无障碍物及其他危险安全作业的因素,并让无关人员离开作业区。

(4)根据日常保养要求,仔细检查平地机有无部件松动、丢失、过度磨损、泥沙堆积、液体渗漏及轮胎磨损和气压降低等情况,并予以排除。

(5)检查液压油、变速箱润滑油、燃油箱、蓄电池电压、灯光、警示灯安全标志等是否正常。

(6)检查液压控制器、制动器、行车制动、发动机、油门踏板、离合器及踏板的工作是否正常。

(7)将操纵手柄、变速器操纵杆置于空挡位置,其余手柄均置于中间位置,启动发动机,检查有无异常声响,左右转向功能是否正常。

(8)检查各仪表、灯光指示、喇叭等工作是否正常。

(9)将刮刀等作业装置置于运输状态,检查其是否完好,动作是否正常。

(10)对铰接式平地机,检查其铰接转向装置是否完好,在行驶前,需将前、后轮调整在一条直线上。

二、作业中的要求

(1)启动发动机时,时间一次不得超过 30 s,如果再次启动,须将钥匙转回关闭位置,待 2 min 后再启动。

(2)在作业过程中,如果遇报警信号灯闪亮或报警音鸣响,应尽快停止平地机的工作,查明故障并予以排除后,方可继续进行作业。

(3)发动机启动后,各仪表读数均应在规定值的范围内。发动机运转时,不得操作冷启动开关,否则会造成发动机严重损坏。

(4)驾驶平地机时不得把脚放在离合器或制动踏板上。起步、停车或转向应使用离合器。

(5)行驶中应把刮刀升高,并保持在平地机宽度内,确保转向时前轮不碰刮刀。

(6)在发动机处于高速运转状态时,不得切换转入较低挡位,以免损坏变速器。

(7)转向时,或使用轴驱动轮转向时,不得锁止差速器。可使前轮倾斜以减少平地机转向半径,但在高速行驶时不得使用,以防出现急剧的反作用力。转向后应把前轮定在垂直的位置。

(8)在陡坡上作业时,不得使用铰接机架,以防止翻车造成严重的人机损伤。在陡坡上来回作业时,刮刀伸出的方向应始终朝向下坡的方向。

(9)如遇紧急情况,采用驻车制动停机后,须经调整驻车制动后,方可再次使用驻车制动。

(10)平地机作业时,刮刀与机架中心线的工作夹角应在15°~75°的范围内。

(11)左(右)侧平地时,侧摆转盘手柄使转盘与牵引架稍向机架左(右)偏置,在要求的切土深度把刮刀水平放置,前轮向左(右)倾斜,料堆在左(右)双驱动轮之外形成。

(12)一旦刮平操作开始后,可使用增减开关来改变"坡度跟踪控制器"的提升,这样可以使泥土被带出刮刀外。

(13)在"S"形弯道路肩上右(左)起点作业时,前轮需稍向左(右)倾斜,向右(左)打方向,把刀尖定在左(右)前轮外侧后面。平地时,始终让刀尖处在接近边沟的路肩平缘上。

(14)在右侧开"V"形边沟上,让刀尖处于右前轮的外缘,刀尾处于左双轴驱动轮之前,刮刀后倾,升到刀尾,以便将泥土运向左双轴驱动轮内侧,同时前轮左倾,沿着标线慢慢前进。如果使用铰接式平地机在硬土质上作业时,需调直机架,以免阻力过大,引起平地机侧移,在松土质上作业时,应使驱动轮在硬地上行走。在第二遍作业时右前轮应在第一遍作业刮出的斜面上行走,并以稍快的速度切出规定的坡度。

(15)高坡切削时,应确保双轴驱动轮靠近坡脚,同时让转盘和刮刀尽可能朝向平地机工作的一边侧移。

(16)做路拱时,先将路料堆放在路中央,使平地机刮刀前倾呈60°~70°,稍提刀尾,平地机沿堆料中央匀速行驶,使路料沿刮刀向两侧移动。用同样的方法在路两侧作业,刮出路面的横坡。在接近路肩时,让刀尾和双轴驱动轮呈一直线。

(17)维修道路作业时,应确保转盘居中,刮刀与机架中心线呈30°角,刮刀后倾,可使刮刀做最大切削,以清除隆起和坑槽。朝向中央工作时,前轮向刀尾一侧倾斜。

三、作业后的要求

(1)把平地机停放在平地上,变速器置于空挡位置,拉上驻车制动,刮刀及附属工作装置降至地面,但不得向下施压,以减轻液压油缸的负荷,关掉发动机,把蓄电池开关拨到断开位置,取下点火钥匙。

(2)装好铰接式平地机的锁销。

(3)用压缩空气(与正常气流方向相反)清洁散热器。清洁时应注意安全。

(4)按保修规程的规定,进行维修保养。

附属装置的操作规程:

(一)松土器

(1)对于特硬的土层应减少松土器的齿数,并且应在平地机低速行驶状态下,把松土器齿慢慢降下,插入土层,不得让齿在大石块或路面等硬层上滑动。

(2)在转弯和机架铰接时不得使用松土器。

(3)松土器齿深调节:把松土器降到离地面10 cm左右处,取下每个齿的楔块,使槽口与松土器梁骨齿合。

(4)松土器齿尖更换:用手锤沿齿尖方向敲击齿尖,使其脱离齿柄,更换新齿,轻轻向上敲紧,使齿尖与柄紧固。

(二)裂土器

(1)使用裂土器时,应在平地机行走状态下,让齿缓慢地插入地面。如果发生驱动轮打滑,应提升裂土器,直至车轮恢复牵引。对特硬土层应减少齿数,转弯时应避免使用裂土器。

(2)齿角调节分液压控制和人工调节两种方式。对液压调节的,可通过控制盘上的一个附加开头来调节齿角大小;人工调节齿角时,应将裂土器降到地面,但不能向下施压,卸下控制杆枢轴及控制杆与裂土器力臂上的连接销,慢慢地升降裂土器,使其达到所要求角度后,装上控制杆并固定。

(3)更换齿尖:把裂土器降至一支撑物上,使齿尖处于悬空状,卸下尖齿紧固连接销,更换齿尖后紧固。

(三)推土刀

(1)推土刀与松土器为同一控制手柄。

(2)推土刀倾角的调节:把刀降至地面,便不得向下施压,卸下推臂卡子和插销,升降刀片调至所要求的推土刀倾角后,将推土刀与推臂连接紧固好。

(四)自动找平装置(以 Blade-Pro™ 式自动找平装置为例)

(1)按规定安装远程接口盒、旋转传感器、刮刀斜度传感器、主降斜传感器、超声波斜度跟踪控制器等。

(2)明确所施工路段的技术要求和现场的平整度、路面横向坡度等数据。

(3)找平装置的基准可以是已刮平整的路面,也可以是一条直线。超声波斜度跟踪器装在刮刀外的顶部,与基准面的距离应在规定的范围内。

(4)当需要横坡自动标高手动时:

①“设置开关”拨到“开”的位置。

②“操作方式开关”拨到左侧位置。

③把刮刀倾斜方向开关转换到与所斜度相匹配的位置。

④使用“增/减”开关调整所需的横向倾斜度。

⑤向前推动远程“自动/手动”开关,在操作接口盒右上角的绿色自动指示灯亮,左边的自动指示灯亮红色,自动操作启动。

⑥如果回程是在路横梁的同一侧,把“操作方式”开关拨到右边,此时横向被自动改变。

(5)标高和横坡度都自动作业。

①将“设置”开关置于“开”位置。

②“操作方式”开关拨到左侧位置。

③把倾斜开关变换到所需倾斜方向一致的位置。

④用右边“增/减”开关输入所需的横倾坡度值。

⑤向前推动远程“自动/手动”开关,此时操作接口盒右上角的绿色指示灯红色。

⑥高速刮刀跟踪器。

⑦放松底部管部夹螺栓,使“超声波坡度 Tracer®”在标高基准上方对中,垂直装好管子。

⑧放松支臂后边的圆形手柄,在标高基准上方测量“斜度跟踪控制器”的垂直度,然后在标高基准面上方垂直找正。“斜度跟踪控制器”应与基准面垂直。

⑨按下接口盒左边的“RESET”按扭,使跟踪器锁定到基准上。

⑩向前推下左边的“自动/手动”开关,在操作接口盒左上角的自动指示灯呈绿色,注意左中两边的指示灯,此时均为绿色,自动操作开始。

一旦刮平作业开始,可使用左边的“增减”开关来改变“坡度跟踪控制器”的提升,这样可以使泥土被带出刮刀外。如果回程作业也是拱顶的同一侧,则把“操作方式”开关置于右边,此时跟踪控制器控制着右侧及左侧的横向斜度,刮刀的倾斜方向被自动地调整到所需斜度,副刀的倾斜方向被自动地调整到所需方向。

第五章 变量控制技术及应用

第一节 变量控制(VRC)技术

精准农业技术思想的核心,旨在获得农田小区作物产量和影响作物生长的环境因素(如土壤结构、地形地貌、植物营养、含水量、施肥施药、病虫草害等)的空间和时间差异性信息,通过现代信息技术分析和总结影响作物生长环境因素差异的原因,采取理论上可行、技术上可实施、经济上有效的调控措施,区别对待,在农耕时按需按量实时定位调控,以精准、有效、经济的方式使农业经济效益达到最大化,即采用相关信息技术获取农作物生长信息,将获得的相关信息通过传感器传给农机具,农机具在进行农业耕种时根据所处的位置和获得的关于农作物的生长信息自动调节控制农业物料投速,这种技术称为变量控制技术(Variable Rate Control, VRC),变量控制技术是精准农业体系中较为重要的研究内容。

变量控制系统包括计算机控制器、地理信息系统、卫星定位系统、传感系统和农机具。计算机控制器作为变量控制系统的中心,依靠其他系统定位地理信息获得相应地理位置上农作物生长信息,并将其数据输入到计算机,系统中心依据计算和校正的地理和物料信息,确定实际排放速率,农机具根据获得的地理位置及对应物料能够连续实施变量作业。

传统的农业技术模式,都是在整块田地的尺度上,将农作物看作具有均匀生长条件的对象进行管理。实际上,人们早已认识到即使在同一农田内地表上、下也存在影响农作物生长条件和产量的明显时空分布差异。20 世纪 80 年代以来,关于在农田中实施土壤肥力、植保和作物生产定位管理的技术研究受到广泛重视,各研究机构也迅速投入到研发生产过程中,世界著名厂商先后向市场提供装有空间定位和产量传感器的现代谷物联合售货机,可以在收获过程中自动生成农田小区产量分布图。经过多年实践表明,田间小区平均产值的最大差异可以超过 100%。由于作物生产还受到气候变异的影响,连续多年对同一田区记录的数据表明,田区年际间的产量差异性也是十分明显的,田区内产量明显地存在时空分布差异性,显示了农田资源利用存在的巨大潜力。

随着现代农学技术与电子信息技术的发展,为定量获取这些影响作物生长因素及最终收成的空间差异性信息,实施基于现代科技的分布式调控,达到田区内资源潜力的均衡利用和获取尽可能高的经济产量成为可能。例如:传统的农业在田间喷洒农药剂量一律相当,但是农作物生长情况各有差异并且受病虫草害影响各不相同,均匀喷洒药剂造成较大的浪费,并且各种化学药剂的喷洒量不仅直接影响农作物的产量,而且影响生态环境,所以精准施用化学农药是精准农业研究中一个较为活跃的领域。在化学农药精准施放的应用中,人们可以利用卫星导航定位技术为喷洒农药等农田作业提供位置信息及为机械在田间行走提供导航信息,利用 GIS 对农作物病虫草害的空间信息进行表达。计算机和计算机软件根据目前作业土壤上杂草的类型、上茬作物的产量,当前作物情况和计算机中的存储知识,确定农药适当的应用数量,控制喷洒器具的正确作业,研究表明采用精准农药喷洒方法可以节约60%的喷洒药液。变量控制技术在耕作、播种、施肥、喷药、灌溉等方面发挥了重要作用。

第二节 变量控制(VRC)技术装备

研究开发农业物料变量控制所需硬件和软件是精准农业理念的一个大方向,在此领域内做了很多研究,并且不少厂商开始生产变量作业装备,变量化的农业设备目前已不断完善,在农业的各个方面都有应用。

一、变量化施肥设备

(一)变量施肥的技术要点

田间施肥量的多少,因气候、作物、土壤、化肥形态、施肥种类、施肥区域等条件的不同而变化较大,在精准农业中,利用现代技术可以获得相应的信息来保证在农耕时进行变量施肥,在降低成本的同时保证较大的经济收益。

精准变量施肥过程中要实现三个方面的精确:一是定位的精确,要准确确定施肥的地点;二是定量的精确,根据农作物生长条件精确地确定农作物施肥量;三是定时的精确,精确确定农作物施肥的最佳时间。变量施肥技术体系主要包括土壤及农作物养分信息监测、施肥处方图生成与实时传感器和精准变量控制等,将其应用于机械化农机具中来达到精准施测目的。

变量施肥装置上安装有 GNSS 接收机,根据全球导航定位技术,可以实时获取变量施肥装置所处位置,精准确定施肥的地点,实现在变量工作中的精密定位。在精准农业中,现一般使用差分 GPS 技术,定位精度可以达到亚米级。

对于土壤养分数据的采集可按地块情况不同进行不同方法的采集。对于长期稳定的土壤,其土壤变量参数如土壤硬度、含水率、微量元素含量等变化不大,可以使用往期的土壤普查数据作为参考,但此方法受外界变量影响精确度不高。对于时空变化差异较大且精度要求高的监测来说,使用土壤传感器更为精确。与农机作业相关的土壤信息包含土壤成分信息、水分湿度信息、压实度信息三个方面。土壤成分信息的感知主要依靠光谱、近红外、激光、电导技术;土壤水分湿度的感知主要依赖电导技术;土壤压实度信息的感知主要依赖激光、机械测量技术。土壤信息的实时监测对于变量施肥有重要作用,各大公司也相继基于土壤信息的探测成分生产了各类传感器用于实践生产,部分传感器及其技术特色如表 5-1 所示。

表 5-1 土壤成分检测设备

国内/国外	公司	传感器	检测量	技术
国外	Palintest	SK200 soil fertility kit	pH 值、氮、磷、钾	视觉、试剂
	Landscape	TDR-315H SDI-12	湿度	数字化时域反射
	Sentek	Soil Probes	水分	电容
	Essearth	HydraProbe	湿度、盐度和温度	同轴阻抗介电反射

续表 5-1

国内/国外	公司	传感器	检测量	技术
国内	山东云唐	YT-TRA	氮、磷、钾、水分、有机质、酸碱度	光谱
	江苏天瑞	EXPLORER 9000	重金属元素	荧光
	山东方科	FK-CT03	氮、磷、钾、水分、有机质、酸碱度	光谱

要精确确定某一地方的农作物需要的物料,获得“作业处方”是关键。在精准农业中,利用现代监测和传感技术,获取全面的作物产量、土壤参数的时空变异信息,根据植物生长模型及气象等环境因素,利用地理信息系统和决策支持系统,得到用于施肥作业的处方,以该处方为依据,用于指导变量作业,处方作业系统如图 5-1 所示。

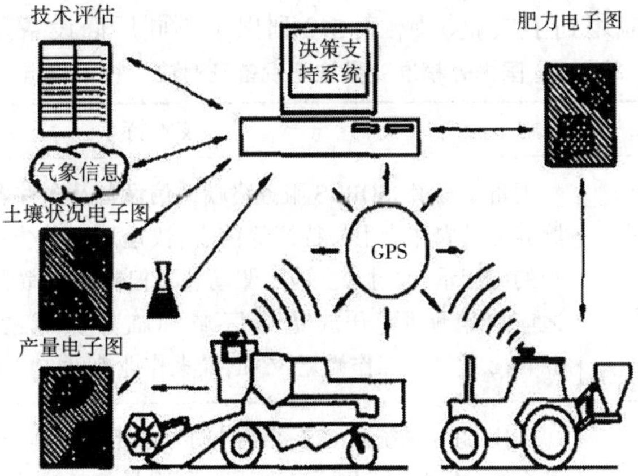

图 5-1　处方作业系统

(二) CropSpec 传感器

掌握农作物的基本生长情况才能设置施肥物料参数。一个区域内的营养供给变化可能很大,不同地点的作物冠层吸收营养物质也不同。近地感知作物冠层反射光谱特性是一种可行的、低成本的确定作物氮素营养状态的方法,该方法具有较高的时空分辨率,能满足变量施肥的要求。作物冠层反射光谱传感器的测量原理基本相似,但是它们的技术配置差异较大,技术配置能够影响到它们在特定农业应用场合的性能和适用性,传感器的区别在于所使用的光源(电磁波的选择、测量和植被指数的计算)、测量范围及传感器到作物的距离(影响传感器扫描的范围的大小和系统观测到的作物的产量)。拓普康研发的 CropSpec 可以测量当前的局部供氮,并调整施用量,以满足作物需求准确,该传感器应用较广。

Cropspec™是由 Topcon Positioning Systems, Inc., Livermore, CA, USA. 开发的一个主动车载式作物冠层传感器。CropSpec 传感器允许用户测量自己的作物氮素营养状况,使其更容易估算生物量和氮素的吸收。传感器能测量植物反射率来确定叶片中的叶绿素含量,这是与作物健康密切相关的。该传感器由一个发射器和一个接收器组成。发射器包含两个光学通道(735 nm 和 808 nm),使用脉冲激光二极管(1 W,10 kHz)作为调制光源。传感器可以安装到农业车辆上,安装高度为 2~4 m。当传感器的安装高度为 3 m,视场角为 50°时,它的扫描宽度大约为 3.1 m,如图 5-2 所示。

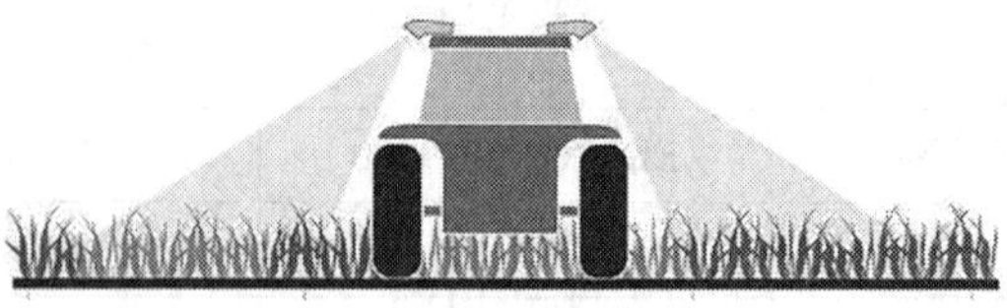

图 5-2　CropSpec 传感设备试验设计

(三)施肥机的种类

20 世纪 80 年代至今,精准变量施肥技术便在发达国家有了较快发展,尤其是美国中西部大平原地区和澳大利亚平原地区,田间地块均匀平整、农场规模巨大,发展更为迅速,各公司也生产出了各种施肥机,应用方面较多。国内研究精准变量施肥技术的起步相对于欧美等国发展较晚,近年来很多研究单位和高校大力研究和引进国外的精准变量施肥技术,并且对应研制的施肥机也应用到了农业领域,表 5-2 列出了不同厂商设备及对应的技术特点。

表 5-2　国内外精准变量施肥设备及对应的技术特点

设备名称/厂家	技术特点
ZA-M 系列悬挂式变量撒肥机/德国阿玛松(Amazone)公司	配备亚马逊 ISOBUS 服务终端通信设备及多种农用传感器,实时获取土壤养分及农作物生长特征等信息,快速计算单位区域内最适于农作物生长的施肥量;通过独立液压驱动装置控制离心撒肥盘工作转速及幅宽,以适应陡峭地形、开放边缘区域和临界区域的撒肥作业,其撒肥量 6.4 kg/s,最大工作幅宽 36 m,最大作业速度 30 km/h
Axis 系列悬挂式变量撒肥机/法国库恩(Kuhn)公司	采用 GPS 系统和 GIS 系统自动生成肥料撒施分布处方图,集成 CDA 撒肥系统、称量系统及可自动调节撒肥量的精准变量 EMC 控制系统,并配置智能自适应肥料搅拌器防止颗粒肥料黏结成块,可通过 DPAE 电子控制系统调节施肥量,实时调节撒肥盘角度与开度,其工作幅宽 12~42 m,撒肥量 3~500 kg/min
JDI820/1910 型气力式免耕变量施肥播种机/美国约翰迪尔(John Deere)公司	由 JDI910 型气力式种肥车和 JDI820 型免耕播种机配套组成;采用空气流将种肥均匀分散至各输气通道,具备卫星纠偏、基站纠偏及 WAAS 纠偏等功能,集成绿色之星显示器、SeedStar 变量播种控制器和多种传感器等开发人机交互监测系统,实时显示机具位置、种肥播施情况和种肥箱体容量等信息,结合处方图进行全电控变量施肥
JKB 系列自走式水田变量喷药施肥机/日本井关农机株式会社	集成自走式底盘、变量喷药及撒肥系统,其底盘最小离地间隙 850 mm,喷药系统采用自动压力调节,药箱采用喷流搅拌,喷药幅宽 11.5~16.0 m,喷药高度为 480~1 480 mm;变量撒肥系统由拓普康 CropSpec 系列传感器、控制器和 DGPS 导航系统组成,可实时采集土壤氮磷钾素及微量元素含量,调节施药量和撒肥量以适于农作物各生长期施肥作业

续表 5-2

设备名称/厂家	技术特点
冬小麦精准变量施肥机/南京农业大学	通过光谱监测系统测量小麦冠层 NDVI 值，根据 Ruan 模型生成实时目标追肥量。速度检测装置实时监测机具行进速度，多种传感器实时监测排肥机构的执行状态，决策系统指导核心控制器，驱动步进电机运行状态，完成精准变量追肥作业
精量播种变量施肥机/农业部南京农业机械化研究所	通过集成 RTX-GPS 动态定位获取机具田间位置信息，结合预先田块处方图确定目标区域施肥量，基于压力传感器与控制微机计算施肥量，根据机具前进速度调整施肥量，实现作业过程漏播、堵塞声光报警与精准施肥目的，完成播种施肥复合作业
深施型液态变量施肥机/东北农业大学	通过动力输出轴驱动液压泵将液态肥料输送至分配器，以 GIS 施肥处方图和变量控制系统调节管路的施肥压力实现肥量变量控制，扎穴机构以固定姿态与轨迹将肥料精准施入作物根系附近，实现入土喷肥与出土停喷施肥效果
机械式液态点状注肥机/北京农业智能装备技术研究中心	整机液态肥料流动路径为液肥箱、过滤器、液肥泵、溢流阀、分流器和注肥器等，配备变量分肥系统和输肥管路堵塞无线监测系统，实现精准变量深施肥及无线检测，通过多套注肥单体完成旋转入土，完成注射施肥作业

二、变量化喷药设备

农药精准变量喷施技术在植保、环境保护方面影响较大，一直是精准农业方面的研究重点。

(一)变量喷药的技术要点

可变喷量施药技术的实现主要由决策生成和决策执行两部分组成，设备进行施药作业前，需采集喷施目标的位置、形状、密度及深度等必要数据信息，通过软硬件系统分析处理后计算出具体施药量；施药时，控制系统根据机具的位置、速度等信息，并利用流量、压力等传感器获取供药系统中流量压力的实时反馈值，生成具体的施药指令，控制系统进行实时的变量施药作业。

1. 喷施决策生成关键技术

变量喷施决策的生成是指对农田病虫草害进行检测和定位，并能够根据局部病虫草害的具体情况确定合理的农药使用量。喷施决策的生成可按与喷施工作是否同步分为两种：基于地理信息技术的决策生成技术和基于实时传感器技术的决策生成技术。

基于地理信息技术的决策生成技术是靠地图信息判断局部区域对农药投入的需求量。通过人工调查或仪器检测农田的病虫草害情况，生成包含农田各局部区域位置坐标和对应农药使用量的处方图，喷施机械带有 GPS 接收机，可根据位置坐标查询处方图获得该局部区域的变量施用量。该系统由 GPS 定位系统、基于 GIS 的计算机软件、作物生产管理决策支持系统和相关传感器组成，工作过程如图 5-3 所示。变量喷施过程中两次用到 GPS 定位：一次是对已知的田间病虫草害坐标位置的确定；二是进行变量喷药时，GPS 测出喷雾机的位置信息，决策机构根据处方图读取田间地理位置相对应的病虫草害信息，发送喷雾指令，建立起空间信息数据库，生成喷雾处方图。

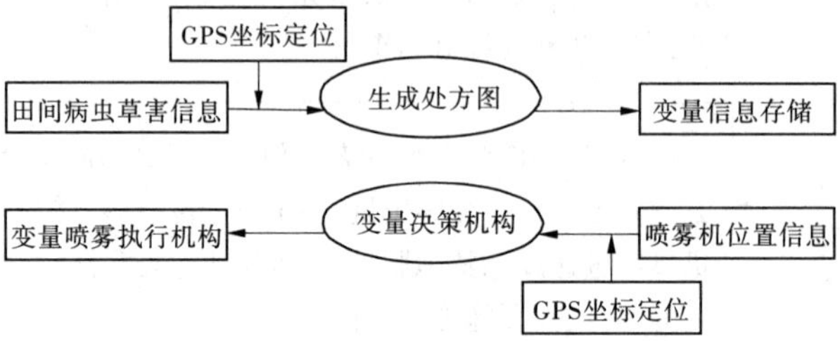

图 5-3　基于处方图的可变量技术系统执行过程

基于实时传感器技术的决策生成技术可以与喷施作业同时进行，传感器采集当前作业区域的病虫草害和作物识别特征信息，通过实时传感器（如 CCD 摄像头或雷达测速传感器等）向计算器提供信息，系统中心生成农药施用量控制命令，控制喷施装置按需施药，其工作过程如图 5-4 所示，识别系统包括硬件和软件两大部分：系统硬件主要完成图像的采集、数字化、存储和显示等任务；系统软件主要完成图像的处理与分析，基于机器视觉的杂草识别系统已经实现从非实时到实时的发展过程。

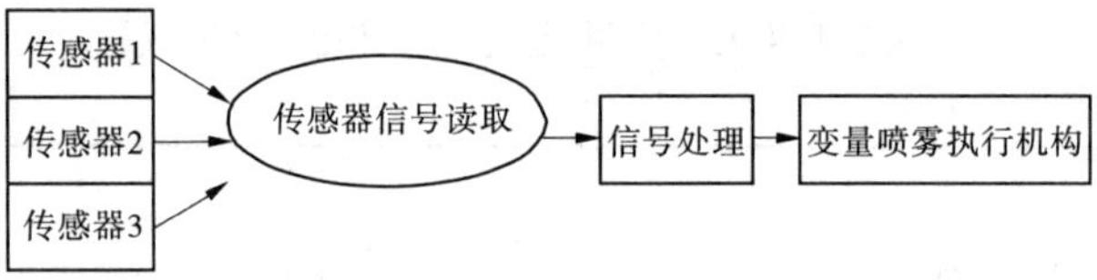

图 5-4　基于实时传感器的可变量技术系统执行过程

2. 喷施决策执行关键技术

喷施决策执行是指变量喷药执行机构根据决策机构发出的喷雾指令信号进行变量施药作业，是实现精准变量喷雾的决定性阶段。变量喷施控制方式主要分为变压力、变药液浓度和脉宽调制（Pulse-Width Modulation，PWM）三大类。

变压力式流量控制方式是最传统的控制施药流量方法，其主要通过系统中的压力传感器获取压力反馈信息，并根据控制指令调节伺服阀门开度的大小，以此实现供药系统内各支路压力的改变，满足变量施药的需求。但流量与压差的平方根呈正相关，若要得到较宽的流量调节范围，压力变化范围需要平方倍的增加，而压力过大改变的不仅是喷嘴流量，对雾滴的尺寸和分布图形也会有较大的影响，这将对喷雾质量产生不利影响。尽管该变流量控制方式有流量调节范围较小、雾滴尺寸和分布改变较大等不良因素，但是该方式设计简单，成本较低，应用较为广泛。

变药液浓度的流量控制方式指利用混药器根据实际需要实时调节药液浓度，主要分为药剂注入式和药剂并入式两种。其中，药剂注入式控制系统是保证系统中水的流量为常量，通过控制器实时计算出需要施加的农药原液量并由执行机构将其注入水中，从而实现施药量的变量调节，该方式优点在于不必对剩余药液进行处理，并且可以保证系统压力恒定，保证雾滴尺寸和分布不变,但该方式是一种开环控制,缺乏实时混药浓度信息,有可能导致到达不同喷嘴的药液浓度有所不同。药剂并入式是指同时改变药剂和水的注入量(在线混药),使农药和水能够以需要的比例快速均匀地完成混合,该方式需要药液和水的控制器能够快速做出响应,但实际操作时,很难达到理想状态。

脉宽调制式(PWM)流量控制是通过不同占空比信号控制电磁阀的开闭时间来实现喷嘴处流量的调节,为了实现流量的精确可调,必须要求每个电磁阀只能够单独控制其对应的某一喷嘴,并且电磁阀的性能要求能够适应高频开关的需求。

(二)变量喷药机的种类

精准喷药技术因其巨大的发展潜力及较好的应用前景在欧美地区发展较早,同时植保机械也列入了一种特种农业机械行列,有其专门的管理部门和机构。我国科技生产水平的迅速发展和精准农业概念的普及,变量喷药技术设备也应用于大型田块中,种类繁多的植保机械相继用于农用生产并显示较好的应用效果。NTceh 公司研制出一种能识别杂草的喷药器,该设备在田间使用时,能够借助专门的电子传感器,来区分作物和杂草,当发现只有杂草的时候,才会喷出除草剂,该投入的除草剂只有常规用量的 1/5;FMC 公司将计算机控制系统用于果园喷药机,该系统通过超声波传感器确定果树形状,计算机控制系统使农药喷药机可以根据果树形状的变化而自动调节。表 5-3 归纳了一部分国内外变量喷药设备及技术特点。

表 5-3 国内外变量喷药设备及技术特点

设备名称/厂家	技术特点
WeedSeeker 系列/美国 NTech	由叶色素光学传感器、控制电路和阀体组成,传感器发射 770 nm 近红外光和 656 nm 红光监测土壤背景中的杂草。该核心部分为 phD600,阀体内含有喷头和电磁阀,当传感器通过监测叶色素判定有草存在时,即控制喷头对准目标喷洒除草剂,该机械能用于行间、沟旁及道路两侧喷洒除草剂,可节省农药 60%~80%
Patriot 系列/CASE 公司	具有独特的喷杆吊架系统,精准控制系统由测速传感器、压力检测、喷杆控制、喷雾剂应用模块、物料控制和物理检测等组成,再结合 AgGPS Field Manager 显示器进行精准喷雾
R4050i 系列/美国约翰迪尔(John Deere)公司	该系列包括 Auto Trac 自用驾驶系统、Boom Trac Pro 喷杆高度传感器、Automatic Boom Leveling 喷杆自动保持水平系统、Swath Control Pro 喷杆喷药单独自用控制系统,通过 GS3 2630 显示器进行智能化控制,能够监视障碍物情况,控制喷雾效果和喷杆离地高度,应用广泛,尤其适用于玉米、棉花、高粱和甘蔗等高秆作物

续表 5-3

设备名称/厂家	技术特点
Intelligent Recognition System 智能对靶除草喷药机/中国农业机械化科学研究院	利用 GPS 精准定位杂草空间位置,结合机器视觉技术,给出杂草精准位置,即输出给执行机构处方图,根据处方图给出的各变量结果,结合自身行进速度,流量和压力反馈信息,利用变频器,调节电机的频率和电压有效幅值来控制电机的转速、喷嘴流量,达到变量施药的效果,能够广泛应用于小麦、玉米和大豆等主要粮食作物

变量喷药是针对田间病虫草害的研究,但是目前来说农田病虫害感知的变量应用局限于实验室环境中,没有大量与农机具设备进行结合实现车载化,未来的发展方向可以开发装备有病虫害感知装置的喷施机具,实现精准靶向喷施,减少农药污染,建立病虫害信息云端处理平台,将农田病虫害感知数据进行统一分析处理。

农田杂草感知技术是将农田中的杂草与作物进行区分,以确定杂草准确位置并进行精确除草,从而减少除草剂的使用。该研究领域发展方向相对于病虫害感知较为成熟,并且与现有农机具结合进行生产。CLAAS 和 Blue River Technology 公司在喷施技术解决方案中使用了基于视觉的田间杂草感知系统,如图 5-5(a)所示;Carbon Bee 公司推出一种车载的高光谱传感器 AQIT-Sensor,该传感器可以识别出作物中间生长的杂草,如图 5-5(b)所示。目前,田间杂草的感知技术主要是基于视觉,拥有一套对于不同杂草的判别认知方法和系统来判别杂草,用于训练的数据库系统比较单一和独立,未来还可以将杂草的特征进行整合建立一个综合数据库,使用机器学习的方式将各种杂草最重要的特征进行提取,减少终端运算量,提高杂草感知的准确性和实时性,为确定用药产量提供精确信息。

(a)　(b)

图 5-5　杂草传感器

第三节　变量控制(VRC)技术的应用

变量控制技术具有高效、精准、环保、低成本等特点,在智能农业中占据重要地位,我国大型农场也相继引进、投入使用变量化农业生产设备,如2002年黑龙江精准化农业示范基地引进的变量机械设备,包括播种机、施肥机、喷药机和耕种机,已经充分发挥了变量控制技术的作用,实现了自动化、均等化、智能化的变量操作,对示范基地的农业精准化作业起到了推动作用。

现今,变量控制技术发展迅猛,已经广泛应用于大型农业产业化生产基地。几乎全部的农产品加工行业的龙头企业在制订投资方案时,都将变量化技术水平放在首要考虑的位置,争取尽快把数据处理的单项信息管理提升到全面信息化水平;其他大中型企业也都纷纷行动起来,准备尽快完成信息化所需要的机器设备和技术等装备。大型农垦区的公共信息资源数据库建立已经具备成熟的条件,变量控制技术的发展必将受到工业企业和广大农户的普遍欢迎,应用前景十分广阔。在现代化精准农业中,变量控制技术已经广泛应用于农业生产的过程中,播种、施肥、喷药、灌溉等方面中变量技术的应用,大大地提高了农业生产效率。

一、变量控制技术在施肥中的应用

以美国的变量施肥播种机及日本的水稻变量施肥机为代表,国外的变量技术研究及应用已经相当成熟。美国公司研制的肥料播种车是精细化农业播种作业的典型代表。它采用吹气原理,在工作室内设置可以显示施肥机器的仪表。操作员在驾驶室内就可以清楚地观测到肥料使用状况,通过观察这些具体信息来监视施肥的行走轨迹。日本的水稻变量施肥研制公司,研制出的施肥机,配备了马达、侧连、喷肥管和施肥箱的装置,在机器的行走过程中,根据机器所在的地理位置,变量化作业。高度智能化的操作方式及设备是国外在此领域的显著特点。此外,俄罗斯研制的施肥机精细化了排肥口的装置,用共振磁片智能化控制排肥速率和排肥的数量。德国在变量化装置的感应器上有了新的突破,通过安装作业传感器和液压马达,测得农作物需要元素的含量,通过中央控制调配所需肥料的含量。

我国自主研发的变量施肥设备目前拥有的核心技术包括单片机连续控制施肥技术、田间作业实事计算、终端控制、低俗信号采集、辅助平行作业和电液比例阀控马达等,基本上实现了变量机械化大面积作业。经过积极研发,一种新的实时监测系统在田间得到了应用,实现了前进速度与施肥量相适应的信息数据交换与共享。

变量技术施肥机械自动化流程是先通过感应器读取DGPS信号,继而经过网络识别,读取IC卡,控制施肥量。在此过程中,根据地轮脉冲调整前进速度,控制电机转速,实现变量施肥。

二、变量控制技术在喷药中的应用

精确变量喷施技术一直是智能化植保的重要研究内容,也是精准农业的研究热点。变量喷药涉及农药有效利用率、农食品安全、环境污染和操作者的人身安全等问题,如何精准进行喷施工作一直以来是研究重点。在喷药机的应用中,由于病虫草害的不确定性,在进行实施时需要实时监测结果,定点、定量喷施农药。喷药机应具有视觉识别杂草的检测器,安装的视觉传感器接收到地面植物影像,进行相应的数据处理,能够对影像中的植物和杂草进行模式识别,鉴别出杂草及其位置,该信息能够传送给变量控制器,该控制器控制电磁阀或喷嘴,保证喷药机只在有杂草的位置才会开启,最大效率消灭杂草。变量喷药中需要能够准确定位需要喷药的地点,确定病虫草害的情况,对传感器、控制系统、定位系统、处理系统都提出较高要求。

三、变量控制技术在灌溉中的应用

全球水资源紧缺，在此情况下，实施精准灌溉也是保护水资源的一种有效途径。由于变量灌溉技术对环境、土壤、农作物等信息要求较高，在灌溉、滴灌、微灌等高技术灌溉领域还不能广泛应用。但是根据不同作物、不同生育期间土壤墒情和作物需水量，实施实时灌溉，将从根本上改变农业领域水资源浪费现象，在很大程度上节约了水资源，有效提高了水资源利用效率，该方向也是精准农业研究的重点。

四、变量控制技术在播种中的应用

变量播种技术在节约资源和降低生产成本方面具有重要的研究意义。对于传统的播种来说，在每块地块中使用固定的平均播种量，但是其实由于土壤肥力、作物种类的不同、地块周围环境差异也造成了不同地块不同区域的土壤养分含量高低不同，所需的播种量不同，如果使用传统播种会造成种子的浪费，而变量播种机可以根据作物的工艺要求、土壤的养分含量及对播种机轴的驱动的控制，调节播种深度及播种量，避免播种不均和播量调节复杂等问题，该技术提高了播种效率、降低成本，并提高农作物产量。

五、变量控制技术在收割机中的作用

变量控制技术在联合收割机系统中的应用表现在装有智能化损失监测设备和数据反馈系统，其基于 GPS 配备的智能化传感器及其拥有的丰富接口、充足的数据存储空间，不但能进行精确导航，还能监测土质和水分，确保损失率停留在一定单位内。

实施变量控制作业是精准农业的研究目标，致力于在降低成本、保护环境的条件下获得最大的收益。变量控制技术应用于智能农业方面形式多种多样，变量控制技术应用于农业机械中，以实用性强、低耗能、高效益成为现代化精准农业发展的主要方向，变量农机具自动化程度也越来越高，应用领域及规模也逐渐广泛，继续推动变量控制技术在农业生产中的应用，具有极其重要的意义。

第六章 农作物产量监控技术及应用

收获对于精确农业体系来说既是终点，又是起点。收获粮食是农业生产的最终目的，而对于精确农业来说，只有获得准确的产量数据，才能对接下来的播种、灌溉、施肥等工作进行决策，以期取得更好的效果。

精确收获是实施精确农业技术的基础工作，是精确农业发展的推动力。作物产量是农民经济收益的重要标志，也是评估农业生产效率的一个重要因素。

所谓农作物产量，就是指某特定条件下单位面积耕地的产出，它是农作物生长在众多环境因素和农田生产管理措施综合影响下的结果，是实现农作物生产过程中科学调控投入和制订管理决策措施的基础。所以，在实施任何田间定位管理措施之前，进行作物产量的精确监测，生成高精度的产量分布图是十分重要的。

研究应用产量监测系统是精确收获的前提条件之一，精确收获在整个精确农业体系中起着一个承上启下的作用，它既是一个工作循环的结束，又是下一个循环的开始。因此，做好精确收获的管理和决策对于精确农业有十分重要的意义。要做好精确收获，必须有性能良好的产量监测系统，这样才能及时准确地收集到需要的数据和信息，为接下来的管理和决策做最充足的准备。可见，做好产量监测系统对精确农业的实施有着重要的作用和意义。

第一节 农作物产量监控技术

测量农作物产量的常用方法如下：

(1)测数法。取样考查作物产量构成因素，以测算每亩产量的一种测产法。大株作物如玉米一般在每个取样点取 21 行求出平均行距，取 51 株(穴)求出平均株(穴)距，以其乘积除以 667 m^2，求出每亩株(穴)数。然后，在每点任选 30 株(穴)，根据该作物的产量构成因素(见作物产量)进行测算。如水稻可根据有效穗数、每穗结实粒数、千粒重等，求出平均每株(穴)产量，乘以每亩总株(穴)数，即得每亩产量。小株作物如小麦，可用 1 m^2的方框取样，考查其产量构成因素，求出各样点每平方米的平均产量。

(2)割取法。将各样点的作物割取、脱粒、扬净并干燥至一定标准后称重，求出各取样点的平均产量，再求得每亩产量。撒播的小株作物，每点取 1 m^2的方框取样。条播作物可按条长和条幅、条距折算成 1 m^2面积。大株作物单株产量变化大，取样点的面积应大些，一般用长方形取样，每点 6 m^2。测产田块的测产结果算出后，即可进一步推算出测产区域的作物总产量。

(3)遥感测产。即飞机、卫星遥测。应用光学、电子和电子光学仪器，接收地面农作物辐射、反射和散射的电磁波信号，通过无线电传送到地面接收站，借助电子计算机进行处理加工，从中提取对农作物生长状况的信息；再根据地面农作物的光谱特征，判别农作物的种类、生长情况和土壤情况进行动态分析。根据 D. A. 赫尔塔研究，遥测农作物产量，可按下

列模式测算:

农作物产量=田亩数×最大产量×气候系数×事件系数×管理系数

其中,田亩数指生长某一种类作物的土地面积。最大产量是反映气候与农业变量影响下,土地的最大生产能力。气候系数是指除去气象反常的理想的最大产量。事件系数指遭受破坏事件(如冰雹、洪水、风暴和病虫害等)对产量的影响。管理系数反映经济与技术发展对产量的影响,如某作物采用新品种,可使实际产量高于最大产量。

(4)实时产量测量。为实现农作物产量的实时测量,将测产系统搭载在联合收割机上,通过安装在联合收割机上的各种专门传感器进行综合测量,进而估算出进入谷仓的农作物流量并计算出产量。

以上测量作物产量的方法中测数法和割取法都用到了采样,这两种方法操作步骤多且农作物的长势分布和采样的科学性都影响了产量的高低。使用遥感测产的方法首先费用高,其次参数数值的确定需要丰富的经验,此种方法目前很难大范围推广。

目前,提到的农作物产量监控技术,都是指实时产量测量。

第二节　农作物产量监控技术装备

一、农作物产量实时测量系统的构成

谷物流量传感器是整个测产系统的核心,流量传感器在设定时间间隔内(或机器对应作业行程间距内)自动计量累计产量,再换算为对应时间间隔内作业面积的单位面积产量,并根据对应小区的空间地理位置数据(经、纬度坐标)折算为小区产量数据。这些原始数据经过数字化后存入智能卡,再转移到计算机上采用专用软件做进一步处理。

作为产量分布信息,除知道产量外,还要了解位置信息和收获面积。为此,需要在收获机械上装置 DGNSS 卫星定位接收机及其他辅助传感器,例如收割机速度传感器和割幅宽度传感器等。通用的 DGNSS 接收机,可以每秒给出收获机在田间作业时 DGNSS 天线所在地理位置的经、纬度坐标动态数据,这些数据不仅给出了定位信息,而且与割幅宽度数据结合可以计算出收割面积。在产量不变的情况下,根据谷物流量传感器原理的不同,其测量值或多或少要受到收割机行进速度和净粮升运器转速的影响,因此普通的测产系统也配置了这两种速度传感器。影响产量的另一个主要因素是谷物水分,特别是利用重量法测量谷物产量时,需要根据谷物水分数据对产量进行修正,因此有必要配置专用传感器实时监测谷物水分。

测产系统记录的谷物产量分布信息,是综合考虑了产量和收割面积等因素的结果,准确记录收割面积,剔除收割机的空驶面积也是测产的关键之一,割台高度传感器的主要作用就是当割台落下,收割机开始收割后启动测产系统,而当割台抬起,收割机转入空驶后停止测产系统,以保证产量记录的准确性。另外,在某些必要的情况下,还需要实时监测收割机的谷物损失。

(一)谷物流量传感器

目前,应用的谷类作物产量传感器主要有四种类型:冲击式流量传感器、γ 射线式流量传感器、光电式容积流量传感器及刮板轮式容积流量传感器。

1. 冲击式流量传感器

图 6-1 是冲击式流量传感器原理图。在没有传感器的情况下,由净粮升运器输送来的谷物由于具有一定的线速度,在升运器的顶部,刮板上的谷物将以一定的速度被甩向前方,然后在重力的作用下直接落入谷仓。当在导流板前方安装流量传感器后,谷物流将会受到阻挡而改变方向。由于谷物具有质量,运动着的谷物流就具有一定的动量,当传感器冲击板阻挡其前进时,谷物流将会与打击板发生碰撞,并对打击板产生冲击力。若假定运动的谷物与打击板相碰撞后运动速度近似为零 ,则由物理学冲量的定义可知:

$$I_i(t) = m_i(t)v_i(t) \tag{6-1}$$

式中　$I_i(t)$——谷物冲量,kg·m/s;

$m_i(t)$——谷物流的质量,kg;

$v_i(t)$——谷物流的速度,m/s。

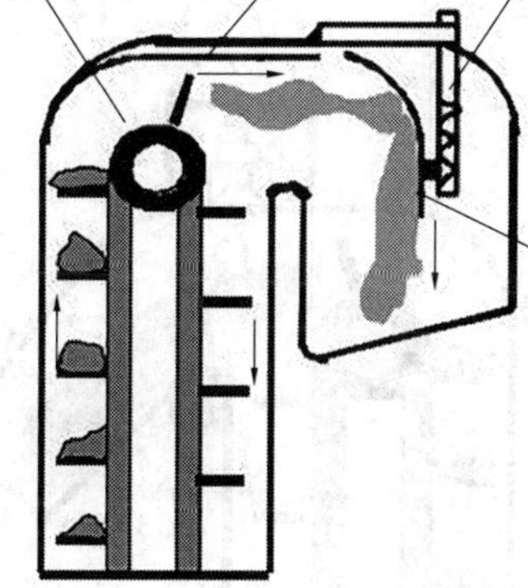

图 6-1　冲击式流量传感器原理

因此,从理论上讲 ,通过连续测量谷物碰撞打击板后其动量的变化就可以实现谷物累积质量的实时测量,也就是实现谷物流量的测量。这就是冲击式谷物流量传感器的工作原理。

由式(6-1)可见,冲量数值的大小既与谷物的质量有关,也与谷物在空气中的流速有关。在 $v_i(t)$ 已知的情况下,通过测量 $I_i(t)$ 可以换算出 $m_i(t)$。

根据换能元件的不同,冲击式流量传感器也有不同的类型。最普通的类型是在打击板背面粘贴应变片,当打击板受冲击力变形后,应变片随着打击板的变形而发生阻值的变化,通过后面的检测与放大电路检测到这一阻值变化,就可最终换算出谷物的流量。当然,为了提高传感器的抗干扰能力和测量精度,在检测、放大电路及数据处理软件中都需要必要的特殊设计和处理。

2. γ 射线式流量传感器

根据物理学的基本理论,当 γ 射线入射到某种物质并与该物质产生相互作用后,射线的辐射强度将出现一定程度的衰减,且服从指数规律,即:

$$I = I_0 e^{-\mu M} \tag{6-2}$$

式中　I_0——没有其他物质阻挡时,γ 射线直接照射到探测器上的辐射强度,单位为居里(Ci);

I——当 γ 射线受到物质阻挡时，探测器接收到的实际 γ 射线强度，Ci；

μ——γ 射线强度相对于某种物质的质量吸收系数，cm^2/g；

M——物质的质量厚度，即辐射场单位面积上的物质重量，g/cm^2。

试验证明，对于稻谷、小麦、黄豆和玉米等谷物，γ 射线都能保持良好的指数衰减规律。

图 6-2 是 γ 射线式流量传感器的原理图。其适用的联合收割机机型与冲击式流量传感器类似，仍然是测量由净粮升运器所抛出的谷物流。它采用低能 γ 射线输出器为射线源，射线源将辐射对准传感器，传感器可探测辐射的强度。在谷物产量监测中，射线源和传感器之间谷物量的多少，将导致传感器测出的辐射强度发生变化。传感器探测到的辐射强度越弱，表明流动于射线源和传感器之间的谷物质量就越大。此系统可测量谷物质量，其测量结果不受谷物种类的影响。质量数据与谷物流经过传感器的速度数据相结合，可转换为质量流速度（质量/时间），同时以（质量/面积）为单位记录为作物产量。

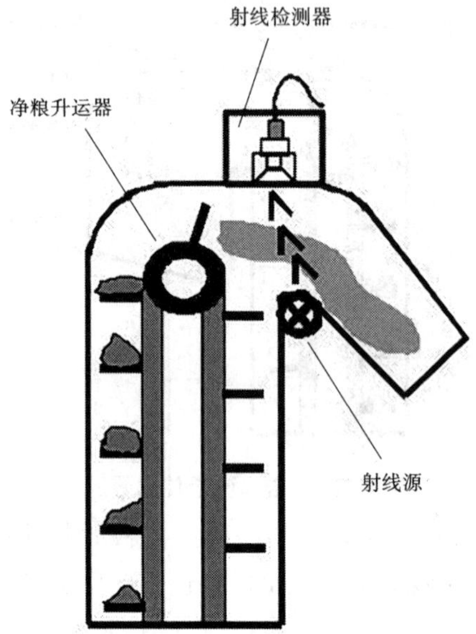

图 6-2　γ 射线式流量传感器原理

这种基于 γ 射线的谷物流量传感器，具有相当高的精度，其计量误差不大于 1%，但由于其利用 γ 射线作为测产手段，尽管有严格的安全规范，在某些国家仍受到严格限制，即使在我国射线产品的使用也有严格的规定，所有这些都限制了 γ 射线式流量传感器的普及与推广。

3. 光电式容积流量传感器

图 6-3 是光电式容积流量传感器的原理图。这种测产系统在净粮升运器上安装了光栅接收器和发射器，当升运器刮板上升，测量光束将会被谷物断续地遮挡，把刮板上的谷层厚度转化为延续一定时间的脉冲信号，通过亮/暗比例（刮板上谷物阻挡光束的时间）准确地测量出阻断时间，就可计算出谷物的体积流量。

为了减少因谷物移动时分布不匀，可并行安装 2～3 套光栅，分别计时，分别计算，取其平均值，以此提高测量精度。

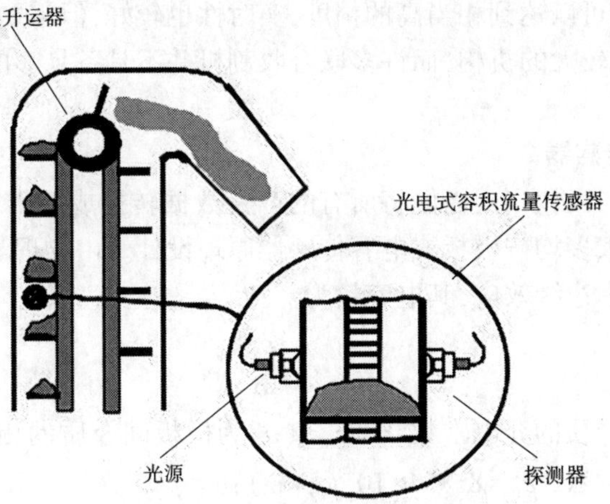

图 6-3　光电式容积流量传感器原理

4. 刮板轮式容积流量传感器

以上介绍的三种谷物流量传感器,都是利用间接的方法测量已收获谷物的体积或重量,间接测量的参数包括谷物流的冲击力、谷物流对射线的吸收及升运器刮板上净粮的高度等,这些间接参数被转换为电信号,再经过对电信号的放大、记录和处理,可计算出谷物流量。此外,人们也试图直接将谷物的体积或重量转换为电信号,以便更方便直接地测量谷物产量。

图 6-4 是一种刮板轮式容积流量传感器的原理图。它在净粮升运器和谷仓之间增加了一个刮板轮机构,当来自净粮升运器的谷物达到一定体积时,料位传感器监测到信号后刮板轮开始转动,由于两个刮板轮之间的空间容积 V 是已知的,只要记录下刮板轮的瞬时转速 R,就可以按下式计算出谷物的容积流量:

$$F = nVR \qquad (6\text{-}3)$$

式中　F——谷物容积流量;

n——刮板的个数;

V——两个刮板轮之间的空间容积;

R——刮板轮的转速。

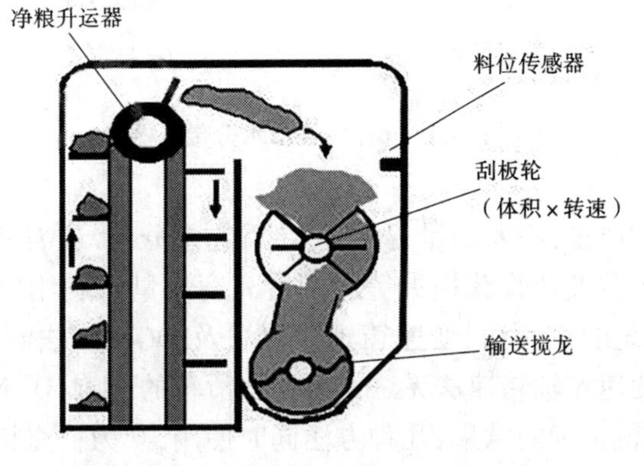

图 6-4　刮板轮式容积流量传感器原理

这种流量传感器可以达到相当高的精度,实时性也较好,但需要在净粮升运器出口和谷仓之间增加一个体积较大的机构,而许多联合收割机并不具备足够的空间,因而限制了它的推广。

(二)谷物水分传感器

收获时必须记录谷物水分,以便将所有的产量数据转换成标准值。收获机上应用的谷粒含水量测量方式,大多均按极板式电容传感器原理设计。由物理学可知,两平行极板组成的电容器,如果不考虑边缘效应,其电容量为:

$$C=\frac{\varepsilon S}{\delta} \tag{6-4}$$

式中　ε——极板间介质的介电常数,$\varepsilon=\varepsilon_0\varepsilon_r$($\varepsilon_r$ 为极板间介质的相对介电常数,ε_0 为真空的介电常数,$\varepsilon_0=8.854\times10^{-12}$ F/m);

S——极板的遮盖面积;

δ——极板间的距离。

当电容器的 S 和 δ 一定,电容量 C 将会随介电常数的变化而变化。如果在电容式传感器的两个极板间充填谷粒,不同水分的谷粒具有不同的介电常数(ε),谷物水分越高,介电常数就越大;通过测量谷物介电常数就可得知谷物水分,根据谷物水分就可计算谷物含水量。

基本的电容式谷物水分传感器形式如图 6-5 所示,有平板式和套筒式两种。在两个极板之间留有足够的空间,脱粒后的谷物在进入谷仓之前,一部分被采样流过传感器,通过测量谷物流的介电常数,就得到了谷物水分的实时数据。

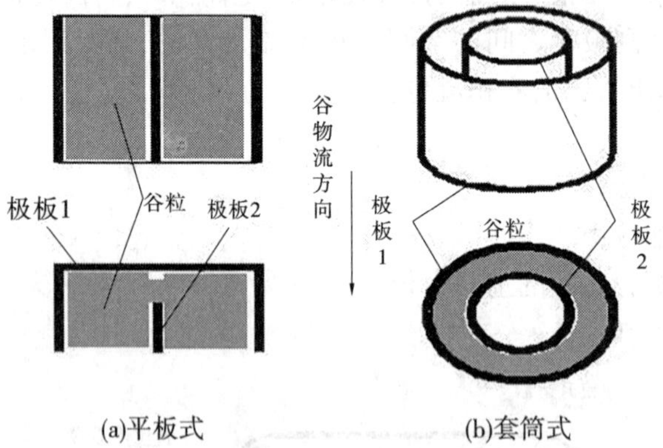

图 6-5　电容式谷物水分传感器

(三)其他传感器

为了准确测量谷物产量,除要测量谷物流量、谷物水分外,还需要测量割台高度、行进速度、升运器轴转速,割幅宽度及收获损失等。割台高度测量可利用电位器(或接触开关)实现;行进速度可利用传统的雷达法、变速箱轴转速法及 DGNSS 法测量,当然这些方法都有各自的局限性,例如,变速箱轴转速法无法克服轮胎滑转的影响,DGNSS 法当卫星数据不稳定或丢失时,将无法获得正确的结果,几种方法同时使用,互为补充将是理想的测量方法;至于转速测量,将有光电脉冲法(包括精密的光电编码器)、霍尔元件法等很多成熟技术可供选择。

关于收割作物的宽度,一种超声波传感器可实现该宽度的动态测量(见图 6-6)。传感器发出超声波,声波传播遇到谷物边缘则回送反射波,传感器根据接收反射波的时间测得离谷物边缘的距离,从而算出实际使用割台的宽度,依此计算面积将更为精确,这种方法的缺点是对于所测量的量来说,过于复杂和昂贵,测量精度也还不稳定。因此,在一般的测产系统中,在初始标定时将割台的宽度作为收割作物的宽度直接输入。

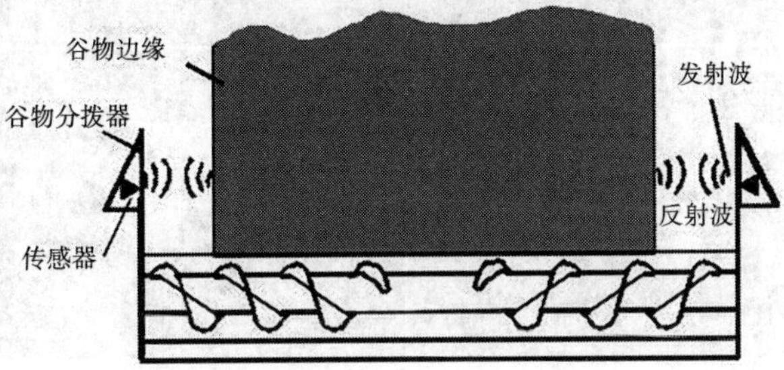

图 6-6 超声波动态测量实际收割宽度

二、农作物产量监控技术的应用

将上节中介绍的传感器集成起来,就构成了完整的测产系统。作为系统集成,首先收获机上应配备 DGNSS 定位系统;接着要配置采集数据的存储器件,这些存储器件一般应用通用智能 IC 卡技术,存储卡可连续存储 30 h 以上的收获作业数据;应该有协调各传感器工作的中央处理单元,以及完成数据传输与交换的通信(或总线)系统,中央处理单元要配备具有良好人机界面的显示装置,可直接在驾驶室内向操作手实时显示有关信息,以及完成田间设定或标定功能的(键盘)输入设备;测产系统作为实施精准农业的重要基础,还应具备数据处理功能及小区产量分布图生成软件。

世界上一些著名的跨国农机制造商,都已成功开发了测产系统,并将其投入了商品化生产。其代表产品有 Topcon 公司的"Yield Trakk 产量监测系统",John Deere 公司的"Green Star"系统,AGCO Massey Ferguson 公司的"Field Star "系统及 Case IH 公司的 AFS(advanced farming system)系统等。这些系统都具有功能较强的 GIS 综合功能,能自动完成产量监测和生成产量分布图。

产量图作为实施精准农业的重要起点,将为农业经营者和决策者提供丰富、准确的信息;同时,农业生产与经营的一些重要管理决策的成功或失败都依赖于产量分布图。因此,采用准确、实用的测产手段和方法,生成高精度的产量分布图是非常重要的。

下面以 Topcon 公司的"Yield Trakk 产量监测系统"为例,介绍农作物产量监控技术的应用,图 6-7 为 Yield Trakk 产量监测系统部分配件组成。

产品特点:高精度的产量/水分含量数据、安装十分便捷、校准过程快速。

(一)先进的实时产量/水分含量和成图系统

除在市场上处于领先地位的导航和自动驾驶、精准定位和机械控制产品外,Topcon 又带来了经业界和实际验证的基于光学的产量监测解决方案。Yield Trakk 提供了一个全新的高精度产量/水分含量和成图结果,可以为种植者提供最佳的作物产量和质量数据,帮助其最大限度提高生产率。

Yield Trakk 能够提供产量、水分、切割速率及收获作物总重量的实时监测和生成产量地

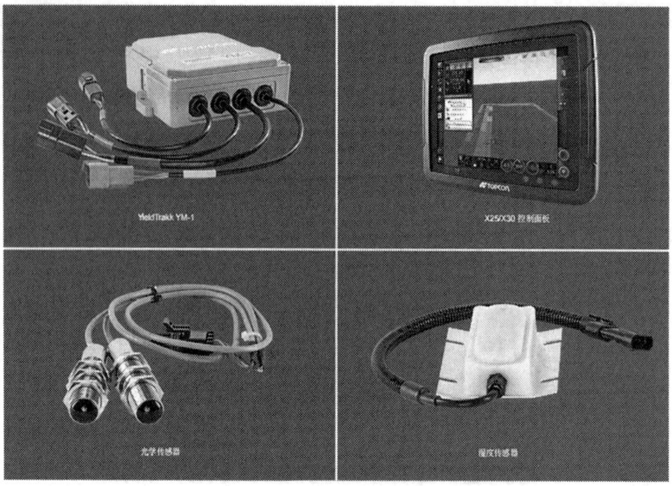

图 6-7　Yield Trakk 产量监测系统部分配件

图。与 X25/X35 控制面板上的 Topcon Horizon 操作系统集成，Yield Trakk 可单独显示产量和水分含量水平，从而能够更全面地了解现场和作物情况，以做出更好的农艺决策。

（二）自动监测收割宽度

Topcon Yield Trakk 的一个主要功能是可以自动监测收割宽度，即通过控制和跟踪收割宽度和面积，从而显著提高产量数据的精度。这有助于避免收割机在行驶过不规则田块或部分已收获区域时造成不准确的产量计算。Topcon Yield Trakk 自动控制收割宽度的功能可以确保获得精确的产量数据，目前支持对多达 16 个分段的控制。

（三）非接触式光学传感器系统

当谷物通过提升箱时，该系统可以借助于光学传感器监测提升箱每个挡板上的谷物高度。通过使用预定义的校准，Yield Trakk 可以将谷物高度转换为谷物体积，并通过体积计算收获的作物重量。安装在出料口的第二个传感器可以测量作物的水分含量，并在 X25/X35 控制面板上实时显示、用作绘图数据。地形补偿功能同时集成到 Yield Trakk YM-1 中，这样可以提供更为准确的产量数据和产量地图，以便做出更好的农艺决策。

（四）通用产量监测系统

经过一定的改装和集成方案，Yield Trakk 适用于当前市场上的几乎各个品牌和型号的联合收割机。

（五）独有的实时地图图层

Topcon Horizon 软件可以在 X25/X35 控制面板上通过田块地图的方式实时显示产量和水分含量数据，以帮助您进行现场决策。

（六）Yield Trakk 数据采用行业标准格式

许多其他产量监测系统在输出数据时仍然采用专用的数据格式，Yield Trakk 为数据导出和分析提供了多种选择。Yield Trakk 采用行业标准的 ISOXML 和 shape 文件格式导出数据。Topcon SGISfarm 和 SGISpro 软件可以管理、分析 Yield Trakk 数据或任何其他采用 ISOXML 和 shape 文件的数据管理解决方案。SGIS 数据管理软件提供从入门到高级的多种版本，专为农场主和经营者及专业农艺师而设计。对于农场的成功经营至关重要的各种类型数据，SGIS 软件均可以进行管理和分析。

第三节 农作物遥感测产

小麦是我国三大粮食作物之一，遥感又是应用最广泛、最先进的农业科技之一。下面以遥感技术在小麦测产方面应用为例，介绍农作物遥感测产方面的相关知识。

一、农作物遥感估产研究及应用概况

大面积作物遥感估产研究最早起源于美国，他们自20世纪70年代中期开始进行"大面积作物LACIE计划（Large Area Crop Inventory Experiment，1974—1977）和"利用空间遥感技术进行农业和资源调查"，即AGRISTARS计划，其主要目的是研制美国所需要的监测全球粮食生产的技术方法，满足美国进行资源管理和了解全球作物产量状况对有关信息的需要。其中，以气象卫星资料为主建立作物单产估算模型，作物种植面积的估算则主要利用陆地卫星资料，通过抽样调查方法获得，估产精度达到90%以上。此后陆续出现了欧盟MARS遥感监测计划，意大利应用Landsat MSS、TM和NOAA-AVHRR数据建立的小麦、玉米产量预测系统，以及世界粮农组织建立的侧重于水分平衡的全球粮食情报预警系统。我国的冬小麦估产研究从20世纪80年代开始，初步建立了遥感影像面积测算与估产方法。研究手段也从常规方法与遥感技术结合，过渡到以资源卫星为主，进而由应用陆地卫星资料转为气象卫星NOAA-AVHRR资料，建立了"北方冬小麦气象卫星遥感动态监测及估产系统"。

二、冬小麦估产应用的遥感资料及特点

冬小麦估产中应用的遥感资料主要为三类。一是气象卫星资料，主要为美第三代业务极轨气象卫星（TIROS-N/NOAA系列）装载的甚高分辨率辐射仪（AVHRR）资料；二是陆地卫星（LANDSAT）资料，应用较多的是专题制图仪（TM）资料；三是航空遥感和地面遥感资料。从资料应用形式上，卫星遥感数据有磁带数据和卫星像片两种，AVHRR数据应用以磁带数据为主，TM数据则二种兼用。航空遥感资料为航空像片，地面遥感资料多为实测的冬小麦光谱物征离散数据。MODIS（moderate-resolution imaging spectroradiometer EOS系列卫星上的最主要的仪器）是搭载在terra和aqua卫星上的一个重要的传感器，可以免费接收数据并无偿使用的星载仪器，不同的遥感资料具有不同的特点。气象卫星资料探测周期短、覆盖面积大、资料易获取、实时性强、价格低廉，时间分辨率高但空间分辨率较低；陆地卫星资料重复周期较长、价格高，但空间分辨率高。从各遥感资料的具体应用情况，AVHRR资料主要应用于通过一定的绿度指标进行冬小麦长势监测及单产模型的构建，适宜于大范围、宏观的小麦长势监测及估产。TM资料分辨率高，主要用于冬小麦面积信息的提取，因费用较高，目前以TM资料为主实现业务化的大范围小麦监测与估产尚有一定的困难。地面遥感资料则主要用于冬小麦光谱特征及估产农学机制的研究。MODIS的特点是空间分辨率大幅提高，一天可过境4次，光谱分辨率大大提高。有36个波段，大大增强了对地球复杂系统的观测能力和对地表类型的识别能力。

三、冬小麦产量遥感监测类型

(一)产量-遥感光谱指数的简单统计相关模式

利用产量直接与遥感光谱指数进行简单相关统计分析来估算小麦产量。

(1)绿度-产量模型。从光谱特征与作物冠层之间的关系,绿色植物叶片叶绿素在光照条件下发生光合作用时,对可见光红光波段进行较强的吸收,而对近红外波段具有高反射、高透射。因此,红光波段反射率包含了植物冠顶层叶片的丰富信息,而近红外波段反射率则包含了整个植物冠层内叶片的大部分信息。利用二者的组合植被指数(绿度)NDVI = $(CH_2-CH_1)/(CH_2+CH_1)$,可以对小麦产量进行测算。其中,CH_1 为 NOAA 的第一通道光谱值(可见光),CH_2 为第二通道光谱值(近红外波段)。根据绿度值(NDVI,Normalized Difference Vegetation Index)与小麦产量实测值进行综合分析,推算出二者之间相关关系,建立响应模型。冬小麦 NDVI 随生育时期的变化呈"小—大—小"变化趋势。冬小麦不同生育时期 NDVI 与产量相关性均以抽穗初期为最高,但用抽穗初期和灌浆期 NDVI 与产量的复合回归方程进行产量预测比用抽穗初期 NDVI 与产量的回归方程效果好。绿度指数与叶面积指数的关系有较好的相关关系,仅在三月初至四月中旬相关性较好,就是小麦"起身"至"抽穗"之间,两者相关性最好。在抽穗以后,小麦长势状况与其绿度相关性就不十分明显了。植被指数(绿度)模式选择单一波段的冬小麦光谱特性难以全面、准确地反映冬小麦生长状况。将冬小麦反应敏感的多波段信息组合,构成植被指数特征量,反映绿色植被的覆盖程度和作物的生长状况进行准确的产量预测。

(2)新型产量-遥感光谱指数模型。池宏康提出了 LAD-产量模型;黄敬峰等建立了密度与生物量的光谱监测模型,进而建立了北疆试验区各层冬小麦种植面积估算和产量预报卫星遥感模型;任建强等采用经过 Savitzky-Golay 滤波技术平滑处理的 MODIS-NDVI 遥感数据对冬小麦产量进行预测,有效地去除 NDVI 数据中的缺失、云及异常值的影响,能更好地反映作物长势变化,为提高估产精度奠定了基础。冯伟等研究结果显示,叶片氮含量和氮积累量及叶面积氮指数在拔节至成熟期的累积值与成熟期籽粒产量的回归拟合效果最好。拔节至成熟期的冠层特征光谱指数的累积值能够稳定、快速无损地预报不同条件下小麦成熟期籽粒产量的变化。由于作物叶片具有一定的叶位空间垂直结构,存在不同叶位叶绿素等生化组分垂直分布的特性,赵春江等研究提出利用遥感数据反演作物养分垂直分布,利用对作物叶片氮素或叶绿素状况的监测来指导适时和适量施肥,提高肥料利用率,保证获得既定的作物产量和品质目标。杨智等研究显示,小麦冠层光谱反映了小麦光合作用的能力及光合同化物积累能力的强弱,而叶绿素、氮素营养等这些生长状况都决定了小麦的最终产量。通过前期冠层光谱可以预测成熟期小麦的籽粒产量。同时,拔节期冠层多光谱参数对理论产量和实际产量的预测性较好。

(二)潜在-胁迫产量模式

影响小麦产量的因子或过程可以分为两大类:一类是小麦本身的生理因素,表现为一系列生物学参数,如叶面积指数 LAI 等,这些参数决定小麦产量可能达到的最高上限,即潜在产量部分;另一类是小麦生长的生态环境条件,如光、温、水分及灾害等环境气象因素,它们对最终产量的形成起限制作用,即胁迫产量部分。结合小麦生长与发育期,以小麦生长期数据来计算潜在产量,以发育期数据信息估算胁迫产量,充分发挥遥感技术的及时性和广域性。李卫国等利用遥感反演技术与作物模拟技术,结合小麦产量形成的生理生态过程及其与气候环境的相互关系,建立了较为简化的小麦遥感估产模型,取得了较好的估产效果;刘良云等基于水分吸收特征波段构建光谱参数建立了小麦分时期遥感估产模型;王长耀等研究表明,增强型植被指数(EVI)明显地比 NDVI 更好的与产量建立同归方程。可以更有效地进行作物监测及估产,提高预测的准确性;赵玉金等则利用卫星遥感信息解译了山东冬小麦产量类型分布。

(三)产量构成三要素模式

从小麦产量构成要素:单位面积穗数、每穗平均粒数、千粒重出发,结合小麦生育期,以遥感信息来分别表达三者建模。以近红外遥感数据反演计算 LAI,来表达小麦群体信息,以热红外信息度量小麦蒸腾情况,反映个体特征,将二者有机结合进行遥感估产建模。小麦亩穗数与冠层高光谱的关系,拔节期、灌浆中期和成熟期的光谱参数和亩穗数的相关性较好,而穗粒数、千粒重与光谱参数的相关性较差。证明利用前期冠层反射光谱特征可以预测成熟期小麦亩穗数,这是因为亩穗数的多少直接受前期长势和营养状况的影响,而冠层反射光谱正是小麦长势的反映。冬小麦穗粒数的多少取决于拔节至灌浆初期生长状况,该时期是小麦幼穗分化,从护颖分化到花粉粒形成阶段。该阶段的发育状况,直接影响受精子粒的形成,进而影响到每穗粒数。因此,冬小麦在此阶段对温度要求严格。温度较高,发育便加快,小花退化就多,因而导致小穗数多、而小穗粒数少的状况。反之,温度适宜可以增加小穗的粒数。穗粒数应用温度因子作为建模依据。影响小麦千粒重形成的时间主要在灌浆期。该时期气温迅速上升。如果水肥条件不佳,遇到连续 3 天 30 ℃高温,就会造成"逼熟",叶子干枯,停止灌浆,形成瘪粒,千粒重下降。蜡熟末期,旗叶变黄,干物质积累已经停止。因此,构建千粒重模型时应综合考虑水、温、肥等条件及绿度的变化速率这个极其重要的指标。

(四)作物干物质量-产量模式

基于遥感信息数据估测小麦地面上干物质量,然后依据小麦干物质量与籽粒部分间的关系得到小麦产量。

四、发展方向

(一)加快研制、发射农业遥感微小卫星星座系统的步伐

农作物遥感监测的核心在于遥感数据源的保障问题。农作物的遥感监测需要不同波段、不同分辨率、不同类型的遥感数据。我国长期依赖美国的 LANDSAT 和加拿大的 RADARSAT 遥感数据进行监测。费用昂贵的同时也不能获得世界上其他地区的遥感数据,不能实现全球农情监测。所以,我国要加快研制、发射农业遥感微小卫星星座系统的步伐,这是当前农业遥感的工作重点。

(二)建立适应性更广、精度更高的小麦遥感监测模型

国内作物识别多使用 NOAA 数据,由于 NOAA 数据空间分辨率太低,其本身也不是为土地覆盖及植被研究所设计。数据应用本身有着严重的局限性。如 AVHRR-NDVI 的饱和问题、对大气影响纠正不彻底、对低植被覆盖区土壤背景的影响没有处理。遥感的作用主要用于农作物长势监测和农作物种植面积的估算。而作物单产预测主要采用农业气象模型。作物产量遥感预测模型的缺乏是遥感测产最薄弱的环节。利用高光谱遥感,可以有效提高多作物的识别能力。但农业高光谱遥感现正处在试验阶段,我国目前只有 MODIS 数据而没有其他数据。

(三)进一步完善“3S”系统的契合性

冬小麦遥感估产的精度与采用的信息源有很大关系,其中单产估产模型的建立受信息源光谱分辨率和时间分辨率的影响,冬小麦产量形成的关键时间很短,以河南省为例,仅4月、5月两个月。因此,高的遥感估产精度需要有高的几何分辨率、时间分辨率和光谱分辨率的信息源的保障。小麦遥感估产需要冬小麦历史资料及有关背景资料的支持,GIS、GPS技术应用于冬小麦遥感估产系统,有助于提高估产精度,又使估产的结果空间化,收集宝贵准确数据的同时,可为适时、准确、长期的冬小麦估产奠定基础。

(四)研发适用于田间的微型产品并在生产中应用

随着研究的不断深入,利用遥感技术对小麦产量进行实时监测和预测在理论上日渐成熟。但是,目前遥感数据的获取主要还是依靠地物光谱仪或航空、航天遥感传感器,其设备结构复杂,价格昂贵,操作技术要求高,难以直接应用于大田推广。因此,开发体积小、重量轻、成本低、使用方便的新型便携式或车载式仪器对于小面积、不易监测地块及农户自测都有十分重要的现实意义。

随着小麦遥感测产模型及农业遥感微小卫星星座系统的建立、发展、逐步完善,加强对冬小麦生长发育期的全程掌控,为农业各部门制订农业管理措施和方法提供了科学依据。遥感监测技术的应用,弥补了依靠地面定点观测获得作物生长状况的缺陷,具有的宏观性、时效性、综合性、预测性和动态性使农业由传统逐渐走向精确,为大力发展精准农业和加速农业信息化进程奠定良好基础。

第七章 农业物联网及应用

随着世界各国政府对物联网行业的政策倾斜和企业的大力支持及投入，物联网产业被急速的催生，根据国内外的数据显示，物联网从1999年至今有了极大的发展，渗透进每一个行业领域。可以预见到的是，越来越多的行业领域及技术、应用会和物联网产生交叉，向物联方向转变、优化已经成为时代发展的方向。

农业具有对象多样、地域广阔、偏僻分散、远离都市社区、通信条件落后等特点，因此在多数情况下，农业数据信息的获取非常困难，电子技术、无线网络催生了物联网技术的发展，把物联网关键技术应用搭建在农业物联网智能化监控系统具有广阔的应用前景。

民以食为天，近年来，食品质量安全问题频发，农产品质量安全已经成为社会各界关注的焦点。农产品生产企业、流通企业、加工企业质量管理信息系统的缺失，是产生农产品质量安全问题的根本原因之一。因此，基于物联网搭建农产品供应链质量管理信息系统，能提高生态农业园内部的管理效率，加强农业生产、加工、运输到销售等全流程数据共享与透明管理，实现农产品全流程可追溯，对提高农产品的品牌建设进而增加农产品附加值，保证农产品质量安全具有十分重大的意义。

此外，农业生产过程中，避免不了天气因素的影响，如何做到恶劣天气的预警机制，从而做到提前防范进而减少损失？农业生产过程中，农产品生产者和市场需求之间的信息不对称，容易引发农产品滞销，或人为的炒作，政府有关部门花很大力气去帮助促销或平抑也于事无补，如何规避这一信息不对称问题？农业生产过程中，大都凭经验生产，缺少专家指导，在遇到病虫害、天气因素、土壤生态变化等环境参数改变时如何应对？如何在这个时候引入专家指导？农业生产过程中如何配合国家政策的宏观调控和满足市场需求等？

物联网是继计算机、互联网与移动通信网之后的世界信息产业第三次浪潮。近年来，随着智能农业、精准农业的发展，智能感知芯片、移动嵌入式系统等物联网技术在现代农业中的应用逐步拓宽，通过使用无线传感器网络可以有效降低人力消耗和对农田环境的影响，获取精确的作物环境和作物信息，从而大量使用各种自动化、智能化、远程控制的生产设备，足不出户就可以监测到农田信息，实现科学监测、科学种植，促进了现代农业发展方式的转变。将物联网应用于农业，农业物联网技术的应用可以更好地控制农作物的生长环境，使之能够更好地适应作物的生长，提高农作物的产量和品质，有利于实现农作物的高产稳产，提高土地的产出率，提高农业抗御自然灾害的能力。农业物联网技术的推广应用，也是农业现代化水平的一个重要标志。农业物联网的快速发展，将会为我国农业发展与世界同步提供一个国际领先的全新的平台，也必将为传统产业改造升级起到巨大的推动作用。

第一节 农业物联网简介

传统农业，浇水、施肥、打药，农民全凭经验、靠感觉。如今，设施农业生产基地，看到的却是另一番景象：瓜果蔬菜该不该浇水、施肥、打药？怎样保持精确的浓度？温度、湿度、光照、二氧化碳浓度，如何实行按需供给？一系列作物在不同生长周期曾被“模糊”处理的问题，都有信息化智能监控系统实时定量“精确”把关，农民只需按个开关，做个选择，或是完全听“指令”，就能种好菜、养好花。

一、农业物联网定义

农业物联网的实质是将物联网技术应用于农业生产经营，使其更具有信息化、智能化。农业物联网的实例化应用就是在感知端使用大量的传感设备（如农业环境信息的传感器、图像采集等），广泛地采集农业生产、管理、经营等环境的各类信息（如大田种植、设施园艺、畜牧水产养殖、农产品溯源等领域），建立相对统一的数据传输协议与多源的数据格式转换办法，因地制宜交互使用无线传感器网、有线传感器网、移动通信网和互联网等传输通道，实现农业信息多尺度、多源有效的传递，最后通过云计算、大数据等多重信息技术的深度融合与处理，通过智能化调控终端实现农业的闭环控制，实现农业的自动化、最优化控制（见图 7-1）。

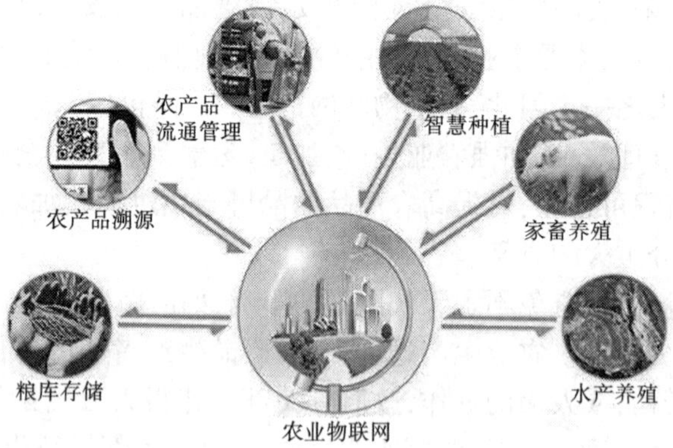

图 7-1　农业物联网定义

二、农业物联网发展背景

随着物联网技术的不断发展，越来越多的技术应用到农业生产中。目前，远程监控系统、无线传感器监测等技术日趋成熟，并逐步应用到了智慧农业建设中，主要包括环境、动植物信息检测、温室农业大棚信息检测和标准化生产监控，精细农业中的节水灌溉等应用，提高了农业生产的管理效率、提升了农产品的附加值、加快了智慧农业的建设步伐。

三、农业物联网网络架构

根据计算机网络架构模型的研究方法，国内外将农业物联网架构模型分为感知层（传感层）、传输层（网络层）、处理与应用层三个层次。感知层主要包括各类传感器、RFID、RS、GNSS 及二维条形码等，采集各类农业相关信息（包括光、温度、湿度、水分、肥力、土壤电导率、溶解氧、酸碱度和电导率等），实现对“物”的相关信息的识别和采集。传输层是在现有网络基础上，将感知层采集的各类农业相关信息通过有线或无线方式传输到应用层；同时，将应用层的控制命令传输到感知层，使感知层的相关设备采取相应动作，比如开关打开或者关闭、释放氧气、增加温度或者湿度及设备重新定位等(见图 7-2)。

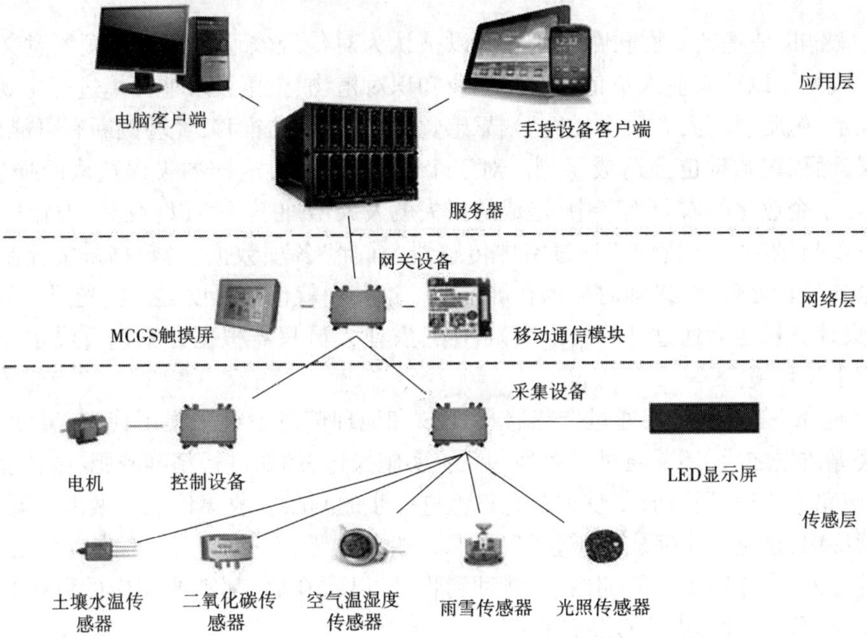

图 7-2 农业物联网网络架构

(一)感知层的研究现状

随着新技术的快速发展,采用新制造工艺、新感知机制、新制作材料的传感器不断出现。美国、德国、日本等发达国家目前在传感器的制造工艺和相关技术方面处于领先地位。从国外发展状况来看,传感器技术的发展趋势主要有以下几方面:一是传感器本身形态向智能化、微型化和可移动化方向变革;二是综合运用新感知机制、新结构设计、新制作材料,以实现传感器的高可靠性、低功耗和低成本;三是注重创新,坚持产品开发与实际需求相结合,推动传感器的产业化。

(二)传输层的研究现状

我国农业环境复杂多变,农业物联网中的信息传输也要根据不同的应用场景选择不同的通信方式。比如,大田种植需要考虑农作物的高度、地形等因素对无线信号传输及有线布线的影响;设施农业则需要考虑墙体的材料及厚度对通信的影响;目前,国内外对传输层的研究多集中在无线传感网络节点领域。无线传感网络节点是一种微型嵌入式系统,一般由微控制器、无线传输模块、传感器模块和供电模块等组成。具备终端节点和路由等功能,既可以实现对传感器模块数据的采集,也可以将数据经合适的路由传输至汇聚节点,最后由汇聚节点通过互联网传输至应用层。

(三)应用层的研究现状

农业物联网的应用层是指深入分析感知层的各类数据,基于不同应用场景建立模型,从而通过终端设备为用户提供有效的服务。应用层的主要技术有大数据处理技术、数据虚拟化和信息推送技术等。由于农业生产形态多变,所以仅用一种技术或模式很难去解决实际的问题。一般对于不同的应用场景,采用的技术或模式都是根据相应的需求来确定,既有基于互联网的 Web 应用,也有基于嵌入式系统的单体智能仪表应用。

四、农业物联网的特征

(1)“感知”是基础。物联网农业之所以被认为对传统农业生产具有颠覆意义,重要的一点就是改变了以往农业人员依靠有限农业知识对植物、土壤及农业环境进行主观判断,传统农业浇水、施肥、打药,农民全凭经验、靠感觉,随着时间的推移,经验判断有可能出现遗漏乃至断层,而依靠感觉也会造成误判。对于个体生产而言,这样的失误造成的损失不会太大,但是处于企业化的农业生产中,造成的损失就大大增加了。所以,“感知农业”的优势就在此时得以凸显。“感知农业”通过室内传感器“捕捉”各项数据,经数据采集控制器汇总、中控室电脑分析处理,结果即时显示在屏幕上。这其中就包括温度、湿度、光照、二氧化碳浓度等,中央计算机还会通过计算给出决策方案,农业人员只需根据方案进行浇水、施肥或者改善植物生长环境。

(2)“链条”是重点。在通过传感器及 GPS 和地理信息系统采集了视频、温度、湿度、光照和土壤等数据之后,还要通过一系列的系统实施操作,例如进行精准施肥、施药、灌溉及光照,在实施完成之后,还可收集反馈信息以做进一步的判断。收集信息—做出决策—实施操作—后续反馈,这是一个完成的“链条”,如果缺少其中任何一个环节,都难以称之为智能农业。除此之外,在作物生长周期内,从播种到收割,以致仓储,都需要相应的科技装备支撑,这样才能大幅高效地提升农业生产效率。

(3)“武器”是关键。农业物联网的“武器”就是物联网产品,即农业生产解决方案。以小汤山国家精准农业示范基地为例,基地就安装了绿地自动化灌溉系统,这套系统主要采用喷灌灌溉方式,控制 4 个电磁阀开启,检测的项目主要有风速和空气温湿度信息。自动控制系统与上位机通过 485 方式进行通信,用户还可以通过手机短信进行控制。只有装备了匹配的系统,农业才可能逐渐地从以人力为中心、依赖孤立机械的生产模式转向以信息和软件为中心的生产模式,从而大量使用各种自动化、智能化、远程控制的生产设备,才能使得物联网在农业领域运行的更加流畅和高效。

五、农业物联网发展情况

(一)智能农业

智能农业产品通过实时采集温室内温度、湿度信号及光照、土壤温度、O_2/CO_2 浓度、叶面湿度、露点温度等环境参数,自动开启或者关闭指定设备。可以根据用户需求,随时进行处理,为设施农业综合生态信息自动监测、对环境进行自动控制和智能化管理提供科学依据。通过模块采集温度传感器等信号,经由无线信号收发模块传输数据,实现对大棚温湿度的远程控制。

(二)健康养殖

随着人们对健康与良好环境的要求,对肉类及其制品安全的日益关注,提出“健康养殖”的概念。健康养殖涵盖生产过程中的饲养对象个体的健康、畜产品质量安全及饲养环境友好三方面。实现健康养殖可以:

(1)饲养场环境监控。对饲养环境的温度、湿度、光照情况、各有害气体含量的监测,并控制有关设备的工作,确保良好的饲养环境。

(2)饲养个体生理指标监测。对饲养个体的生理指标(体温、脉搏、呼吸、运动)进行监测,通过监测数据的处理,对动物的健康状态做出提示,让饲养人员尽早采取措施。

(3)饲养现场视频监视。通过对饲养现场的视频监视,减少饲养人工现场检查的要求,减轻劳动强度,还可以得到更多预想不到的信息。

(三)智能环保

智能环保产品通过对实施空气、地表水水质的自动监测,可以实现空气、水质的实时连续监测和远程监控,及时掌握主要流域重点位置的空气、断面水体的水质状况,预警预报重大或流域性污染事故。

六、农业物联网应用面临的挑战

(一)行业不足

(1)我国物联网技术创新体系不完善,物联网核心环节如高端传感器、无线传感网络、海量数据存储和处理等方面基础薄弱,在关键技术和高端产品等方面与国外有一定差距。

(2)缺乏龙头骨干企业。我国物联网具有强大支柱作用的龙头骨干企业还比较缺乏,物联网整体水平较低,产业集聚带来的优势无法充分发挥。

(3)规模化应用不足。虽然我们物联网应用已经形成一定规模,但无论从需求的量还是质,都还需要继续加强投入和市场培育,当前由于应用碎片化、规模化应用不足等问题,无法对市场构成较大的带动。

(4)物联网信息安全方面也存在隐患。

(二)农业生产效益低

长期以来,农业被定位为初级产业,农业生产被认为是传统式的、粗放型的,农业劳动被视为简单劳动、体力劳动、廉价劳动,农民被看成观念封闭、文化素养低的社会群体。在这种思想意识的支配下,农民、农业、农村都是受歧视的,长期轻视农业劳动的社会价值和经济价值,农民劳动核算工价偏低,使农业变成弱质产业,造成农业收益比较低。而物联网应用需要投入,需要根据实际情况,有所为有所不为。

(三)农产品单位价值低

农产品单位价值低、流通环节多,以及在销售过程中存在复杂分拆分销环节,在生产、流通中组织化程度还比较低,技术水平相对落后,索证索票、购销台账制度欠缺,管理难度大,加上成本原因,对单位价值低、包装不统一的农产品,很难大规模使用以 RFID 为基础的溯源系统。

各种认证农产品标志,都是只起到定性标示的作用,易于假冒,也难以控制超范围使用。因此,将物联网应用于农产品溯源,需要从国家层面进行相关标准的制定,有序部署应用,才能见成效。

(四)农业面临更复杂的环境

农业(包括畜牧业、林业、水产)的生产环境往往比工业更复杂、更恶劣,除温度、湿度跨度大(还有区域差异)外,还常常面临有害气体(如畜牧场有氨气、硫化氢、二氧化碳等多种有害气体成分)、雷电等环境的影响,需要积极面向市场,面向应用领域,开展针对性研究,研制合适的农业物联网产品,确保农业物联网的应用不会是面子工程,能推进农业增产、增效农业生产还常常因区域、个体的差异,使得用同传感器采集到数据具有不同的意义,需要做更大量的数据分析与建模工作。

第二节　农业物联网发展趋势

“互联网+农业”对物联网应用提出的迫切要求：①信息化建设发展的需求（数据的准确、及时）；②精细农业的要求（精细农业、病害警示）；③生产效率提高的要求（人工→自动化）；④劳动力成本与劳动者工作环境改善的要求；⑤规范种养管理要求（技术、用药、用料）；⑥为社会提供安全食品的要求（智能物流、溯源）；⑦数据应用具有更好的前景（优化流程、规范）。

一、信息化系统升级

物联网技术的应用，可以使管理信息系统的数据由人工采集、输入，变为传感器采集、实时传送到系统，这样，除及时得到数据外，更关键的是提高数据的准确性，提高效率，避免人为错误。数据的实时性和可靠性，是信息化系统的关键所在，物联网的使用将使信息化系统实现革命性的升级。

二、精细农业成为现实

精细农业本身是一种可持续发展的理念，是一种管理方式。但是为了达到这个目标，需要三方面的工作：

（1）获得田间数据。

（2）根据收集的数据做出作业决策，决定施肥量、时间、地点。

（3）需要机器来完成。

这三个方面的工作仅凭人力是无法很好完成的，因此需要物联网技术来支撑，即平时所说的农业信息化和农业机械化的结合。

三、实现持续化监测

不同于工业化工厂生产，农业生产的周期长、受自然环境影响大，实现持续化监测将可能实现更高品质的农产品。

持续化的监测还能发现动物饲养、作物生长的特殊规律，或者说找到环境与品质、产量的关系，从而提高农产品的产量与品质。

此外，物联网技术的应用将使在恶劣环境的持续监测称为可能，改善生产者的劳动环境。

持续化监测将积累数据，为大数据分析提供数据素材。

四、种植管理规范化

我国农产品质量不稳定的一个重要原因，是种养过程管理不规范：

（1）技术使用的不规范；

（2）用药的不规范；

（3）用肥/用料的不规范。

这些不规范，有些是知识不足引起的，有些是利益驱动引起的。通过物联网的应用，可以发现这些不规范,实现种养过程管理规范,实现为社会提供质量稳定的农产品。

五、食品溯源

民以食为天,食品安全多年来事件不断,受到全社会越来越多的关注,RFID 的广泛应用实现了大宗商品的快速检测。假冒一个商品关键是制作假冒的标签,针对农产品单位价值低,流通环节多,以及在销售过程中复杂分拆分销环节,应用信息安全技术,采用安全二维码的低成本产品标识与溯源方案,实现二维码标签的可信与不可抵赖,低附加成本就可以达到农产品标签可信、来源可追溯、去向可查证、责任可追究的安全追溯体系。

通过 RFID+安全二维码,食品溯源再也不是天方夜谭,从生产、养殖、监查、屠宰、加工、销售的各个环节,通过安全二维码+RFID 芯片这一模式,顾客能清清楚楚地知道食品的来龙去脉。

六、大数据分析

物联网、大数据等技术已经可以实现对作物种植、培育、成熟和销售等环节的精细化管理。在整体解决方案中,底层应用主要采用物联网技术,通过对作物的信息收集,将数据反馈至云平台中,方便决策和后续提供帮助。通过数据的反馈,会更为清晰地了解整个产业链的情况,避免传统农业的资源浪费。大数据的应用及物联网的成熟,将弥补很多传统农业的不足,让整个产业更加科学合理。

以信息化带动农业现代化,一方面可以提高农业生产效率,提高经济效益,大大节约成本,节省土地和水资源;另一方面可以提出优质安全的农产品。因此,推进“互联网+农业”的创新应用需要发展农业物联网。

同时,农业信息化本身还处于起步阶段,农业物联网的应用、推广不能急于求成,必须统筹规划,抓好示范,讲求实效,有序推进。

第三节 农业物联网的应用

物互联在农业和农村信息化领域已经有了初步应用,如传感技术在精准农业的应用、智能化专家管理系统、远程监测和遥感系统、生物信息和诊断系统、食物安全追溯系统等。物联网技术的应用,通过实时传感采集和历史数据存储,能够摸索出植物生长对温、湿、光、土壤的需求规律,提供精准的科研实验数据;通过智能分析与联动控制功能,能够及时精确地满足植物生长对环境各项指标的要求,达到高幅度增产的目的;通过光照和温度的智能分析与精确干预,能够使植物特别是名贵花卉的花期完全遵循人工调节。目前,关于农业物联网应用的发展项目有很多。比如:土壤养分、墒情监测,为作物选择和耕种方式提供指导;粮情信息监测,为监管部门科学决策保护粮食安全提供有效数据;农业大棚温室监控、田间自动化管理,通过连续监测土壤湿度数据,实现多点同时滴灌补水;二维码动物溯源,通过食品追溯标签使消费者全面了解产品信息,确保食品安全。

下面通过几个具体的应用案例为大家介绍农业物联网的应用情况。

一、农作物病虫害监测预警系统

农作物病虫害监测预警系统(见图 7-3),由 1 台智能虫情测报灯、2 台害虫性诱智能测报系统、1 套小气候观测仪、1 套视频监控等设备组成,可自动完成虫情信息、病菌孢子、农林气象信息的图像及数据采集,并自动上传至云服务器,用户通过网页、手机即可联合作物管理知识、作物图库、灾害指标等模块,对作物实时远程监测与诊断,提供智能化、自动化管理决策。

图 7-3　农作物病虫害监测预警系统

智能虫情测报灯(见图 7-4)是利用害虫趋光性将害虫诱杀后平铺在履带上,用高清摄像头每隔 0.5 h 拍照一次,应用物联网技术将图像传输到云平台处理,对稻飞虱、螟虫、稻纵卷叶螟等水稻主要害虫进行自动识别、计数、统计和分析,然后将图像及数据分析发送到客户电脑和手机 APP。

图 7-4　智能虫情测报灯

害虫性诱智能测报系统每台安装 1 种诱芯杀 1 种害虫并自动计数,就可根据需要选择诱芯对斜纹夜蛾、小菜蛾等蔬菜重要害虫进行自动监测。小气候观测仪能够对温度、湿度、雨量等重要气象因素进行实时自动监测。

该系统的建成使用,让植保人员可通过电脑和手机客户端随时随地实时掌握虫情、苗情、灾情、天情,实现了病虫害远程监控,能够及时为农户提供准确预报服务,进而达到治早、治少、治了的目的,是农业技术人员管理农业生产的“千里眼”和“听诊器”。

二、浙江省智慧农业云平台建设

浙江省农业厅对外公布了浙江省智慧农业云平台的建设进展。截至目前，已先后建成农业物联网、生态循环、应急预警等十大栏目，归集数据 227.03 万组，整理近 40 年的产业统计等数据。接入各地农业物联网示范点 118 个，视频摄像头 525 个，能满足农业生态监管、智能生产、休闲观光、应急指挥等需求。

浙江省智慧农业云平台借助新一代物联网、大数据、3S 等信息化技术整合省、市、县各级涉农资源，以顶层设计方式建成“一个平台一个中心 N 个应用”。浙江省智慧农业云平台，通过汇聚农业产业、农业“两区”、物联网、植保、农机、畜牧、农资、农经、科教等各级农业业务应用及数据，形成“大农业”数据中心。在构建互联共享的“互联网+农业”信息服务体系基础上，最终实现科学指导农业生产经营管理、政府决策监管和社会公众服务。

系统主要存在四大核心功能，一是形成省级农业数据中心。二是进行农业物联网接入管理。三是构建现代农业综合管理，实现信息系统的集约化建设与统一低成本维护。四是建立应急指挥和灾变预警。通过大数据分析，依托网络化、可视化等手段，结合全省视频会议系统开展应急指挥和预警决策，实现全省农业应急联动和统一指挥。

目前，农业云平台已整合了浙江省农业物联网、生态循环、农业产业化、种植业管理、质量安全、农村经营、农业机械管理、畜牧业管理、应急预警、农技推广共 10 块业务资源，形成了浙江省智慧农业大数据中心。其中，种植业管理方面，将对浙江省主导产业的种植总面积、总产量、产业分布、市场行情、经营主体等整体发展状况和植物保护情况进行全方位分析和展示（见图 7-5）。

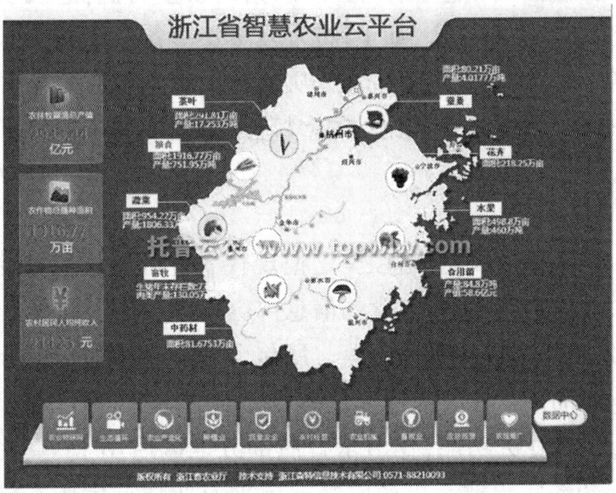

图 7-5　浙江省智慧农业云平台

三、农产品质量安全追溯系统

农产品质量安全追溯系统以保障农产品安全，服务农业产业发展为宗旨，以农业物联网为核心技术支撑，融合企业产地准出、政府监管、消费服务等功能，构建信息互联共享的农产品质量安全追溯平台。农产品质量安全追溯系统通过为农产品建立“身份证”制度，实现农产品的全程可追溯,解决消费者对食品安全的信任问题和农业生产经营企业的农产品营销问题,推进农产品安全信用体系建设。

核心功能如下。

(一)农产品质量安全产地准出管理

生产主体可通过该平台建立起系统规范的生产管理制度,实现对投入品使用、农事生产过程等的标准化管理,实现企业生产管理数据的电子化、数字化管理,并实现企业信息的追溯。系统提供信息上报功能,企业台账信息和自检数据将实时上报至政府监管平台。

(二)农事生产数据自动采集

生产者通过刷卡、按键,即可实现播种、浇水、施药、采收等农事操作数据的自动、精准、批量采集,不依赖电脑和网络,数据自动存储,且能同步上传至政府监管平台。有效解决了数据采集烦琐、不准确、工作量大等问题。

(三)农产品质量安全政府监管

政府通过该平台对农产品质量安全的实时监管及对其日常工作的统一管理。实现对农产品的投入、生产、检测及上市过程的实时监管、监测、预警,形成产品质量安全溯源追责机制。

(四)农产品质量安全溯源

我国食品安全方面事故频发,其中一个很重要的原因是从生产到销售缺乏监管。加大对农副产品从生产到流通整个流程的监管,可以将食品安全隐患降至最低,而物联网则可在这方面发挥重要作用。根据对物联网事件追踪,国内已有多个地区把食品安全监管作为物联网产业应用的突破口。

目前,国内已使用“食品安全追溯系统”。以猪肉安全为例:进入农贸市场的猪肉安装上电子芯片,以跟踪猪肉产品的生产、加工、批发及零售等各个环节。具体来说,即在农贸市场的猪肉经营店配备电子溯源秤,消费者在购买猪肉时可索取含有食品安全追溯码的收银条,凭借收银条上的追溯码查询生猪来源、屠宰场、质量检疫等多方面信息。

四、农业信息传送

天气预报是重要和首要的农业信息之一,但现代农业的发展需要更多支持因素。应为农民打造更宽广的农业信息渠道,所包含的信息内容也应从天气预报到施肥选择,从种子遴选到病虫害防治,从幼苗培育到收割入库等。所包含信息范围也应涵盖广义农业的各个方面,包括畜牧业、农副产品加工业及渔业。目前,在黑龙江部分地区已实现把测土配方施肥数据传输到农户手机上的业务功能,在山东日照部分地区启用了“真伪兽药短信查询举报系统”,让养殖户和兽药经营户参与兽药监督。这种农业信息传送不仅可以提高农业生产效率,而且可为电信运营商提供更多拓宽业务的选择。

五、虚拟现实 VR 智慧温室、大田控制系统

温室、大田智能控制系统,通过实时监测棚内的温度、含湿量、光照强度、二氧化碳含量、土壤的温度和含湿量等指标,并实时传递给计算机系统,系统经过分析和推理,发出指令指挥棚内的自动系统进行施肥、升温、加水等正确操作,保持棚内环境,保证系统正常运行,使

植物在最适宜的情况下生长。智能控制系统将物联网技术与计算机结合起来,在农业上加以应用,实现了农业发展的变革。

基于虚拟现实(VR)技术,研发的智能温室、大田控制系统,在虚拟现实中实现对温室、大田身临其境的沉浸式漫游和远程控制。其特色是:VR 温室、大田和真实温室、大田 1∶1建设,用户戴上 VR 眼镜,好像身处真实的温室、大田环境,通过走动,可以实现对大田、温室身临其境的漫游。通过中间件实时连接真实温室、大田设施,真实温室、大田的各种状态数据直观地漂浮在设备之上;用户操控 VR 手柄,可以控制真实温室的风机、顶棚、喷雾、湿帘等设备的同步开关。

具体功能有:

(1)温室、大田整体环境漫游。戴上 VR 设备,用户即感觉身处真实的温室,各类设施的形态和位置与真实温室一模一样,在远程即实现了对温室的走动漫游参观(见图 7-6)。

图 7-6　通过 VR 手柄实现走动漫游

(2)温室、大田状态直观获取。真实温室的状态可以在 VR 场景温室实时展示。传感器数据将采用漂浮的方式漂浮于 VR 传感器上方,设备状态如卷帘、风机等,将与真实温室的相同设备联动,真实设备正在作业,VR 温室同步作业,温室状态达到完全同步真实反应(见图 7-7、图 7-8)。

图 7-7　VR 日光温室

图 7-8　VR 大田

(3)温室、大田设备远程实景式操控。VR 温室能够实现对远程真实温室的操控和操控效果的及时反馈。在 VR 温室中,通过手柄激光指向操控设施,远程真实温室设施也同步运转,作业效果及时反馈到 VR 温室,实现效果的同步显示(见图 7-9、图 7-10)。

图 7-9　真实温室数据实时传送到 VR 温室控制系统

图 7-10　通过 VR 手柄操作卷被、风机、空调

参考文献

[1] 赵祚喜,罗锡文,李庆,等. 基于 MEMS 惯性传感器融合的水田激光平地机水平控制系统 [J]. 农业工程学报,2008(6):119-124.

[2] 徐扬,吴仁智,米智楠,等. 一种水田平地机设计与研究 [J]. 现代制造技术与装备,2017(5):101-103.

[3] 李笑,李宏鹏,牛东岭,等. 基于全球导航卫星系统的智能化精细平地系统优化与试验 [J]. 农业工程学报,2015,31(3):48-55.

[4] 高韶坤,弋景刚,刘江涛. 农田平地机的应用现状与发展趋势 [J]. 安徽农业科学,2012,40(5):3034-3035,3102.

[5] 王少农,庄卫东,王熙. 基于 GNSS 的农田平地系统试验研究 [J]. 农机化研究,2016,38(5):199-203.

[6] 王少农. 基于 GNSS 平地机自动控制系统的研究设计 [D]. 大庆:黑龙江八一农垦大学,2015.

[7] 胡炼,杨伟伟,许奕,等. 基于 GPS 技术的水田平地机的设计与试验 [J]. 华南农业大学学报,2015,36(5):130-134.

[8] 夏友祥,刘刚,康熙,等. 基于 GNSS 的农田平整定位精度优化与试验 [J]. 农业机械学报,2017,48(S1):40-44.

[9] 李庆,赵祚喜,王在满,等. 水田激光平地机工作原理的研究与应用 [J]. 农业装备与车辆工程,2013,51(9):10-12,43.

[10] 承继成. 精准农业技术与应用[M]. 北京:科学出版社,2004.

[11] 景通桥,张满江,马芳霞. 互联网+精准农业[M]. 北京:中国纺织出版社,2018.

[12] 赵春江. 精准农业研究与实践[M]. 北京:科学出版社,2009.

[13] 刘金铜. 精准农业概论[M]. 北京:气象出版社,2002.

[14] 白由路,等. 精准施肥实施技术[M]. 北京:中国农业科学技术出版社,2019.

[15] 汪懋华,李民赞. 现代精细农业理论与实践[M]. 北京:中国农业大学出版社,2012.

[16] 吴才聪,苑严伟,韩云霞. 北斗在农业生产过程中的应用[M]. 北京:电子工业出版社,2016.

[17] 刘升平. 话说精准农业[M]. 北京:中国劳动社会保障出版社,2015.

[18] 何勇,赵春江. 精细农业[M]. 浙江:浙江大学出版社,2010.

[19] 吴才聪. 导航定位原理及农业应用[M]. 北京:中国农业大学出版社,2020.

[20] 刘峥,王建昕. 汽车发动机原理教程[M]. 北京:清华大学出版社, 2001: 24-38.

[21] 李宇哲. 农用拖拉机自动导航控制系统的研究[D]. 秦皇岛:燕山大学,2018.

[22] 赵祚喜,靳俊栋,可欣荣,等. 自动导航插秧机作业性能试验研究[J]. 江苏农业科学,2018,46(13):236-240.

[23] 冯慧敏,高娜娜,孟志军,等. 基于自动导航的小麦精准对行深施追肥机设计与试验[J]. 农业机械学报,2018,49(4):60-67.

[24] 刘雪丽,周曦文. 自动导航技术在农业机械中的应用[J]. 江西农业,2020(5):34-35.

[25] 李民赞. 农作物产量自动监测技术及关键设备[J]. 农业网络信息,2004(4):34-38.

[26] 赵庚星,余松烈. 冬小麦遥感估产研究进展[J]. 山东农业大学学报(自然科学版), 2001(1):107-111.

[27] 黄敬蜂,王人潮,刘绍民. 冬小麦遥感估产多种模型研究[J]. 浙江大学学报,1999,25(5):512-523.

[28] 王长耀,林文鹏. 基于 MODIS-EVI 的冬小麦产量遥感预测研究[J]. 农业工程学报,2005,21(10):90-94.